2022
中国水生动物卫生状况报告

2022 AQUATIC ANIMAL HEALTH IN CHINA

农业农村部渔业渔政管理局
Bureau of Fisheries, Ministry of Agriculture and Rural Affairs

全国水产技术推广总站
National Fisheries Technology Extension Center

中国农业出版社
北　京

编 写 说 明

一、《2022中国水生动物卫生状况报告》以正式出版年份标序。其中，第一章至第四章内容的起讫日期为2021年1月1日至2021年12月31日；若无特别说明，第五章和第六章内容的截止日期为2022年6月30日。

二、本资料所称疾病，是指水生动物受各种生物性和非生物性因素的作用，而导致正常生命活动紊乱甚至死亡的异常生命活动过程。本资料所称疫病，是指传染病，包括寄生虫病。本资料所称新发病，是指未列入我国法定疫病名录，近年在我国新确认发生，且对水产养殖产业造成严重危害，并造成一定程度的经济损失和社会影响，需要及时预防、控制的疾病。

三、本资料内容和全国统计数据中，均未包括香港特别行政区、澳门特别行政区和台湾省。

四、读者对本报告若有建议和意见，请与全国水产技术推广总站联系。

编辑委员会

主　　　　任	刘新中				
副　主　任	李书民				
主　　　编	崔利锋				
副　主　编	李　清　曾　昊				
执 行 主 编	李　清　吴珊珊				
执行副主编	余卫忠　梁　艳				

参　　　编（按姓氏笔画排序）

万晓媛	王　庆	王　姝	王　澎	王小亮	王巧煌
王亚楠	王英英	王崇明	王晶晶	王静波	方　苹
计纪元	石存斌	吕晓楠	竹攸汀	刘　彤	刘　茳
刘　涛	刘文枝	刘肖汉	江育林	阴鸿达	李苗苗
李莹莹	杨　冰	吴　斌	吴亚锋	邱　亮	何建国
沈锦玉	张　文	张庆利	张朝晖	张晶晶	陈　静
范玉顶	周　勇	赵　娟	战文斌	袁　锐	贾　鹏
倪金俤	徐立蒲	郭　闯	唐嘉苓	曹　欢	董　宣
曾令兵	温智清	谢国骃	蔡晨旭	樊海平	

审 校 专 家（按姓氏笔画排序）

王桂堂	王崇明	刘　茳	江育林	何建国	沈锦玉
张庆利	张利峰	房文红	徐立蒲	龚　晖	彭开松
樊海平					

执 行 编 者　梁　艳　王巧煌

　　2021年是"十四五"的开局之年，也是乘势而上开启全面建设社会主义现代化国家新征程、向第二个百年奋斗目标迈进的起步之年。全国水生动物防疫工作在全国水生动物防疫体系的共同努力下，紧紧围绕中央1号文件关于"推进水产绿色健康养殖"的部署，以渔业稳产保供和绿色高质量发展为总体目标，求真务实，取得了良好成效。全国水生动物疫病监测预警工作稳步开展，制定、发布、实施《2021年国家水生动物疫病监测计划》，在全国29个省（自治区、直辖市）对14种重要疫病和新发病开展专项监测和调查；持续组织开展全国水产养殖动植物病情测报和预警，对主要养殖区域、主要养殖品种的发病状况进行监测；水产苗种产地检疫制度有序推进，从源头防控水生动物疫病发生的检疫制度得到了全国各地的积极响应；水生动物防疫体系能力建设不断强化，《全国动植物保护能力提升工程规划（2017—2025年）》进一步落实，持续组织开展了全国水生动物防疫系统实验室能力验证；开发了方便快捷的为渔民服务的"鱼病远诊网"APP和微信小程序，水产养殖疾病防控技术服务能力和工作效率不断提高；成立了全国水产标准化技术委员会水产养殖病害防治分技术委员会，我国水生动物防疫标准化工作更加规范。另外，为适应新冠肺炎疫情防控常态化需要，创新了技术服务形式，制作了《水产苗种产地检疫教学宣传片》，编印了《水生动物防疫系列宣传图册》等宣传材料，开设了线上直播大讲堂，为确保不发生重大水生动物疫情发挥了重要作用，病害造成的经济损失同比减少50亿元人民币，有效保障了我国水产品的稳定供给。

　　2021年我国水产品总产量6 690.3万吨。其中，养殖产量5 394.4万吨，占水产品总产量的80.6%，比2020年提高0.8个百分点。海水养殖产量2 211.1万吨，占水产养殖产量的41.0%；淡水养殖产量3 183.3万吨，占水产养殖产量的59.0%。

　　2022年是实施"十四五"规划承上启下的关键之年。全国水生动物疫病防控体系要紧紧围绕渔业现代化建设目标，不断提高水生动物疫病防控能力，为保障水产品有效供给、促进渔业绿色高质量发展保驾护航。

农业农村部渔业渔政管理局局长

2022年7月

目 录

第一章 2021年全国水生动植物疾病发生概况

2021年，农业农村部继续组织开展全国水产养殖动植物病情测报，实施《2021年国家水生动物疫病监测计划》，对主要养殖区域、重要养殖品种的主要疾病进行监测。监测养殖面积近30万公顷，约占水产养殖总面积的4%。

一、发生疾病养殖种类

根据全国水产养殖动植物病情测报结果，2021年对83种养殖种类进行了监测，监测到发病的养殖种类有65种，包括鱼类38种、虾类10种、蟹类3种、贝类8种、藻类2种、两栖/爬行类3种、棘皮动物类1种，主要的养殖鱼类和虾类都监测到疾病发生（表1）。

表1 2021年全国监测到发病的养殖种类

类别		种类	数量
淡水	鱼类	青鱼、草鱼、鲢、鳙、鲤、鲫、鳊、泥鳅、鲇、鮰、黄颡鱼、鲑、鳟、河鲀、短盖巨脂鲤、长吻鮠、黄鳝、鳜、鲈、乌鳢、罗非鱼、鲟、鳗鲡、鲮、倒刺鲃、鲌、笋壳鱼、白斑狗鱼、金鱼、锦鲤	30
	虾类	罗氏沼虾、日本沼虾、克氏原螯虾、凡纳滨对虾、澳洲岩龙虾	5
	蟹类	中华绒螯蟹	1
	贝类	河蚌	1
	两栖/爬行类	龟、鳖、大鲵	3

（续）

类别		种类	数量
海水	鱼类	鲈、鮸、大黄鱼、河鲀、石斑鱼、鲽、半滑舌鳎、卵形鲳鲹	8
	虾类	凡纳滨对虾、中国明对虾、斑节对虾、日本囊对虾、脊尾白虾	5
	蟹类	梭子蟹、拟穴青蟹	2
	贝类	牡蛎、鲍、螺、蛤、扇贝、蛏、蚶	7
	藻类	紫菜、海带	2
	棘皮动物	海参	1
合计		65	

二、主要疾病

淡水鱼类主要疾病有：鲤春病毒血症、草鱼出血病、传染性造血器官坏死病、锦鲤疱疹病毒病、传染性脾肾坏死病、鲫造血器官坏死病、鲤浮肿病、鳗鲡疱疹病毒病、传染性胰脏坏死病、细菌性败血症、链球菌病、小瓜虫病、水霉病等。

海水鱼类主要疾病有：病毒性神经坏死病、石斑鱼虹彩病毒病、大黄鱼内脏白点病、鱼爱德华氏菌病、诺卡氏菌病、刺激隐核虫病、本尼登虫病等。

虾蟹类主要疾病有：白斑综合征、传染性皮下和造血组织坏死病、十足目虹彩病毒病、急性肝胰腺坏死病、虾肝肠胞虫病、梭子蟹肌孢虫病等。

贝类主要疾病有：鲍脓疱病、三角帆蚌气单胞菌病等。

两栖、爬行类主要疾病有：鳖溃烂病、红底板病等。

三、主要养殖模式的发病情况

2021年监测的主要养殖模式有海水池塘、海水网箱、海水工厂化、淡水池塘、淡水网箱和淡水工厂化。从不同养殖方式的发病情况看，各主要养殖方式的平均发病面积率约13%，比2020年略有降低。其中，海水池塘养殖和海水工厂化养殖发病面积率仍然维持在较低水平；但是，淡水池塘养殖和淡水工厂化养殖发病面积率却仍然居高不下；海水网箱养殖的发病面积率与上一年相比增幅较大；淡水网箱养殖的发病面积率比上一年有所降低（图1）。

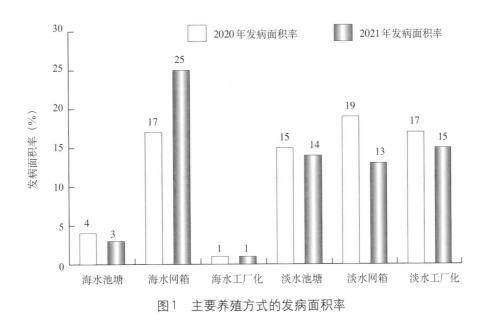

图1 主要养殖方式的发病面积率

四、经济损失情况

2021年，我国水产养殖因疾病造成的测算经济损失约539亿元（人民币，下同），约占水产养殖总产值的4.6%，约占渔业产值的3.6%，比2020年减少了50亿元。专家分析原因，主要得益于水产苗种产地检疫制度的实施，从源头控制了疾病传播风险，使得主要养殖品种的重要疾病发生率明显降低，对虾、克氏原螯虾、中华绒螯蟹、石斑鱼、大菱鲆、海参等品种的养殖产量均有所增加。

但是疾病依然是水产养殖产业发展的主要瓶颈。2021年，虾肝肠胞虫病、十足目虹彩病毒病、罗氏沼虾"铁虾病"等多种新发病对甲壳类养殖造成较大危害，草鱼出血病、病毒性神经坏死病、鳗鲡疱疹病毒病等对鱼类养殖造成较大危害。另外，草鱼、黄颡鱼、虹鳟等主要养殖品种均发生不同规模疫情；山东、河北两省养殖牡蛎发生较为严重的非正常死亡。浙江、福建两省养殖坛紫菜发生大规模的高温烂菜脱苗现象，江苏养殖条斑紫菜发生细菌性病烂等问题，也造成了较大的经济损失。

在疾病造成的经济损失中，甲壳类损失最大，为172亿元，约占31.9%；鱼类损失151亿元，约占28.0%；贝类损失153亿元，约占28.4%；其他水生动物损失33亿元，约占6.1%；紫菜等水生植物损失30亿元，约占5.6%。主要养殖种类测算经济损失情况如下：

（1）甲壳类 因疾病造成测算经济损失较大的主要有：中华绒螯蟹71亿元，凡纳滨对虾57亿元，克氏原螯虾14亿元，罗氏沼虾11亿元，斑节对虾8亿元，梭子蟹5亿元，拟穴青蟹5亿元。其中，中华绒螯蟹不明病因的"水瘪子病"在我国南方点状小区域发生，"牛奶病"在我国北方的发病死亡率也有所增加。和2020年相比，2021年中华绒螯蟹养殖情况总体良好，罗氏沼虾不明病因的"铁虾病"发病死亡率明显下降，凡纳滨对虾疾病发生情况明显减轻并有所增产。总体而言，甲壳类的测算经济损失比2020年大幅度降低。

（2）**鱼类** 因疾病造成测算经济损失较大的主要有：草鱼20亿元，石斑鱼18亿元，鲈17亿元，鲫11亿元，鳜11亿元，鳗鲡10亿元，黄颡鱼8亿元，大黄鱼8亿元，罗非鱼7亿元，鲤7亿元，鳊6亿元，鲢6亿元，观赏鱼5亿元，黄鳝5亿元，乌鳢3亿元，鲆鲽类3亿元，鲴3亿元，鲟和鲑鳟2亿元，卵形鲳鲹1亿元。与2020年相比，2021年大口黑鲈养殖病害情况有所改善，未发生严重死亡现象，全年监测点总发病率降至8.3%；鳜发病死亡率降至2.4%。总体而言，鱼类的测算经济损失比2020年略有下降。

（3）**贝类** 因疾病造成测算经济损失较大的主要有：牡蛎58亿元，扇贝26亿元，蛤22亿元，鲍19亿元，螺15亿元，蛏8亿元，蚶5亿元，贻贝1亿元。总体而言，贝类的测算经济损失比2020年明显增加。

（4）**其他水生动物** 因疾病造成测算经济损失较大的主要有：海参27亿元，鳖5亿元，龟1亿元。与2020年相比，2021年养殖海参总体成活率较高，一方面是因为山东、河北和辽宁采取了养殖池塘遮阴、地下水循环降温等技术手段，2021年未发生渡夏大量死亡现象；另一方面是因为福建吊笼养殖密度适宜，水温稳定，苗种成活率较高。

另外，水生植物因疾病造成测算经济损失较大的主要有：紫菜29亿元，微藻2亿元。据我国主要养殖藻类病害损失评估的结果显示，所调查12种主要养殖藻类中，坛紫菜、条斑紫菜、红球藻和螺旋藻等4个物种发生大规模的病害。2021年年末，山东养殖海带首次出现大规模病烂现象，预计将对2022年度海带产量和产值产生较大的影响。

五、发病趋势

2022年，根据中央推进农业绿色高质量发展的战略部署，强化渔业风险防控，促进渔业安全发展，持续推进实施水产绿色健康养殖技术推广"五大行动"，进一步督导落实水产苗种产地检疫制度，推进无规定疫病苗种场建设等相关政策和措施的出台，将在一定程度上从源头降低疾病发生和传播风险。但是，水产苗种产地检疫工作进展缓慢，重要疫病专项监测覆盖面不足，现有水生动物疫苗种类满足不了防病需求等问题依然存在，2022年水生动植物疾病防控形势依然严峻，局部地区仍有可能出现突发疫情。

第二章　水生动物重要疫病风险评估

2021年，农业农村部发布了《2021年国家水生动物疫病监测计划》（以下简称《国家监测计划》），针对鲤春病毒血症等重要水生动物疫病进行专项监测，并对十足目虹彩病毒病等新发疫病开展调查，同时组织专家进行了风险评估。

一、鱼类疫病

（一）鲤春病毒血症（Spring viraemia of carp，SVC）>>>>>

1. 监测情况

（1）监测范围　《国家监测计划》对SVC的监测范围包括北京、天津、河北、内蒙古、辽宁、吉林、黑龙江、上海、江苏、浙江、安徽、江西、山东、河南、湖北、湖南、重庆、四川、青海、宁夏和新疆21个省（自治区、直辖市），涉及141个区（县）184个乡（镇）。监测对象主要有鲤和锦鲤，以及少量金鱼、鲢和鳙等。

（2）监测结果　共设置监测养殖场点222个，检出了鲤春病毒血症病毒（SVCV）阳性养殖场点1个，平均阳性养殖场点检出率为0.5%。其中，国家级原良种场7个，阳性1个，检出率14.3%；省级原良种场46个，未检出阳性；苗种场51个，未检出阳性；观赏鱼养殖场26个，未检出阳性；成鱼养殖场92个，未检出阳性（图2）。

在21省（自治区、直辖市）中，仅湖北检出了阳性样品。湖北5个监测养殖场点检出了1个阳性。

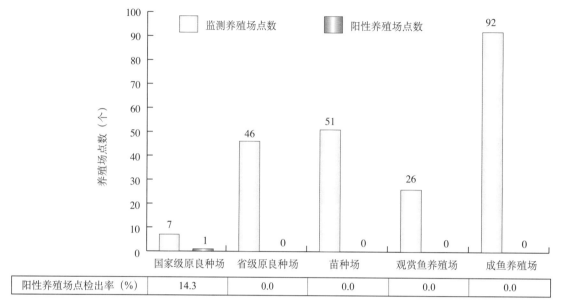

阳性养殖场点检出率（%）	14.3	0.0	0.0	0.0	0.0

图2　2021年各类型养殖场点SVCV阳性检出情况

21省（自治区、直辖市）共采集样品241批次，检出了阳性样品1批次，平均阳性样品检出率为0.4%，该批次阳性样品属于Ⅰa基因型。

（3）**阳性养殖品种和养殖模式**　监测的养殖品种有鲤、锦鲤、裸鲤、鲢、鳙、鲫、金鱼、草鱼和青鱼。其中，仅在鲤中检出了阳性样品。阳性养殖场的养殖模式为淡水池塘养殖。

2.风险评估

（1）根据2017—2021年的监测结果，SVC在我国流行分布较广，主要分布于东北的辽宁和黑龙江；华北的天津、河北和内蒙古；西北的陕西、宁夏和新疆；华中的河南、湖北和湖南。其中，湖北省连续5年监测发现鲤春病毒血症病毒（SVCV）阳性样品，2018年随州，2019年随州、荆门、潜江，2020年黄冈、武汉、咸宁、襄阳、宜昌，2021年武汉等阳性监测点之间流行病学关联有待深入调查，并应加大对该省SVC的监测和防控力度，降低疫情暴发风险。

（2）根据2017—2021年的监测结果，苗种场是SVC传播的高风险点，全国每年有10家左右苗种场监测结果为SVCV阳性；2021年湖北省的1家国家级原良种场也发现了SVCV阳性样品，这是时隔5年后再次在国家级原良种场检测出阳性样品。由此可见，SVCV通过苗种场和原良种场传出并扩散的风险较高，给我国鱼类优良亲本和苗种供应安全带来潜在危害。

（3）历年监测结果表明，截至目前，我国共监测到两种基因型的SVCV毒株，分别是Ⅰa基因型和Ⅰd基因型。其中，Ⅰa基因型SVCV毒株在我国流行较为广泛，在2020年前，我国监测到的SVCV毒株均属于该基因型毒株；而Ⅰd基因型SVCV毒株是2020年我国首次从天津市的2个养殖场鲤样品中检测发现的。这两种基因型毒株均存在引起鲤科鱼类暴发鲤春病毒血症疫情的风险，后期应加强对我国SVCV毒株基因遗传进化分析，掌握其病原基因型流行情况。

下一步风险管控建议：一是做好阳性养殖场的流行病学信息调查，查明阳性养殖场点苗种的来源和去向，并进行溯源和关联性分析；二是优化监测方案，进一步加强对连续监测出阳性样品的省份地区的监测，扩大监测区域和范围；三是加强苗种质量管理，强化苗种产地检疫，实行产地溯源制度；四是关注鲤科鱼类疫病共感染现象。在对往年SVC监测样品进行回顾性调查检测时发现，部分样品存在SVCV、鲤浮肿病毒（CEV）和锦鲤疱疹病毒（KHV）共感染现象，这将对疫情防控提出新的挑战。

（二）锦鲤疱疹病毒病（Koi herpesvirus disease，KHVD） 〉〉〉〉〉

1. 监测情况

（1）监测范围 《国家监测计划》对KHVD的监测范围包括北京、天津、河北、内蒙古、辽宁、吉林、黑龙江、江苏、浙江、安徽、江西、山东、河南、湖南、广东、重庆、四川、宁夏和新疆19个省（自治区、直辖市），涉及104个区（县）131个乡（镇）。监测对象主要为锦鲤、鲤和金鱼。

（2）监测结果 共设置监测养殖场点159个，检出了锦鲤疱疹病毒（KHV）阳性养殖场点6个，平均阳性养殖场点检出率为3.8%。其中，国家级原良种场1个，未检出阳性；省级原良种场33个，阳性1个，检出率3.0%；苗种场37个，阳性1个，检出率2.7%；观赏鱼养殖场29个，阳性2个，检出率6.9%；成鱼养殖场59个，阳性2个，检出率3.4%。（图3）

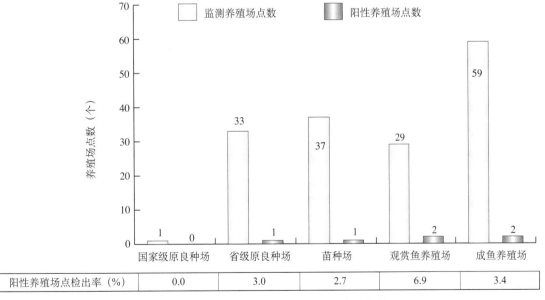

	国家级原良种场	省级原良种场	苗种场	观赏鱼养殖场	成鱼养殖场
阳性养殖场点检出率（%）	0.0	3.0	2.7	6.9	3.4

图3 2021年各类型养殖场点KHV阳性检出情况

在19省（自治区、直辖市）中，安徽和河北2省检出了阳性样品。其中，安徽5个监测养殖场点检出了4个阳性；河北35个监测养殖场点检出了2个阳性，检出率为5.7%（图4）。

19省（自治区、直辖市）共采集样品164批次，检出了阳性样品6批次，平均阳性样品检出率为3.7%。

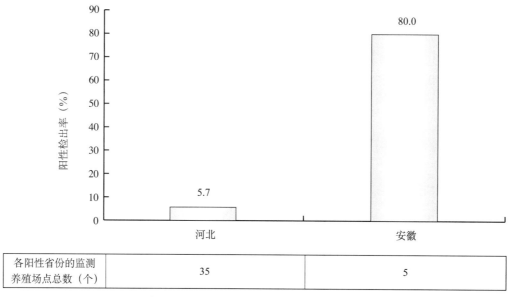

各阳性省份的监测养殖场点总数（个）	35	5

图4　2021年2个KHV阳性省份的阳性养殖场点检出率（％）

（3）阳性养殖品种和养殖模式　监测的养殖品种主要是锦鲤、鲤及其变种。其中，在锦鲤和鲤中检出了阳性样品。阳性养殖场的养殖模式为淡水池塘养殖。

2. 风险评估

2021年度监测结果显示，KHV阳性养殖场点检出率为3.8%，为开展监测工作以来阳性检出率最高的一年。

从易感风险品种来看，连续8年的监测结果显示，包括国家级原良种场在内的各类型监测养殖场点中均有锦鲤感染KHV，累计检出的83批次KHV阳性样品中，锦鲤占了71.0%，阳性检出率高于其他养殖品种。综上所述，锦鲤是易受KHV感染的最主要风险品种，鲤及其变种的感染风险也始终存在，应予以重视。

从不同类型监测养殖场点监测结果来看，相比其他类型的养殖场，观赏鱼养殖场感染风险最高，其次是成鱼养殖场，而国家级原良种场、省级原良种场和苗种场感染风险相对较低，但也偶有阳性检出。

（三）草鱼出血病（Grass carp heamorrhagic diease，GCHD）〉〉〉〉〉

1. 监测情况

（1）监测范围　《国家监测计划》对GCHD的监测范围包括天津、河北、吉林、上海、江苏、浙江、安徽、江西、山东、河南、湖北、湖南、广东、广西、重庆、四川、贵州、宁夏和新疆19个省（自治区、直辖市），涉及126个区（县）155个乡（镇）。监测对象以草鱼为主，并包含了1批次的青鱼样品。

（2）**监测结果**　共设置监测养殖场点186个，检出了草鱼呼肠孤病毒（GCRV）阳性养殖场点16个，平均阳性养殖场点检出率为8.6%。其中，国家级原良种场6个，阳性1个，检出率16.7%；省级原良种场48个，阳性6个，检出率12.5%；苗种场58个，阳性3个，检出率5.2%；观赏鱼养殖场1个，未检出阳性；成鱼养殖场73个，阳性6个，检出率8.2%（图5）。

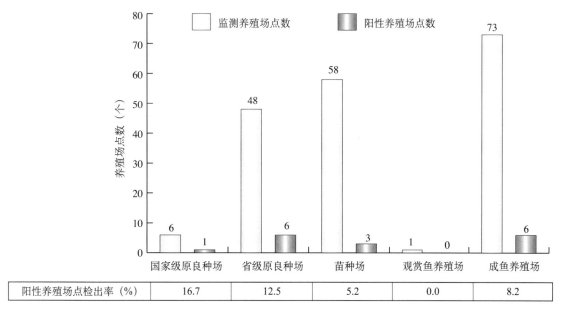

	国家级原良种场	省级原良种场	苗种场	观赏鱼养殖场	成鱼养殖场
阳性养殖场点检出率（%）	16.7	12.5	5.2	0.0	8.2

图5　2021年各类型养殖场点GCRV阳性检出情况

在19省（自治区、直辖市）中，河北、上海、安徽、山东、湖北、广东和广西7省（自治区、直辖市）检出了阳性样品。其中，广西的阳性养殖场点检出率最高，5个监测养殖场点检出了4个阳性；其次是湖北和安徽，均为5个监测养殖场点检出了2个阳性（图6）。

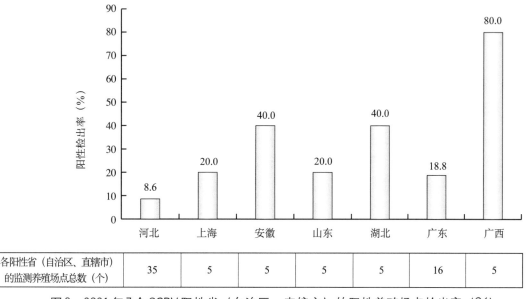

	河北	上海	安徽	山东	湖北	广东	广西
各阳性省（自治区、直辖市）的监测养殖场点总数（个）	35	5	5	5	5	16	5

图6　2021年7个GCRV阳性省（自治区、直辖市）的阳性养殖场点检出率（％）

19省（自治区、直辖市）共采集样品202批次，检出了阳性样品16批次，平均阳性样品检出率为7.9%。

（3）**阳性养殖品种和养殖模式**　监测的养殖品种为草鱼和青鱼。其中，仅在草鱼中检出了阳性样品。阳性养殖场的养殖模式均为淡水池塘养殖。

2. 风险评估

（1）**GCHD的病原草鱼呼肠孤病毒（GCRV）在我国草鱼主养地区广泛流行**　自2015年以来连续7年，不仅在湖北和广东等草鱼苗种生产地区检测出阳性样品，而且在江西、湖南和广西等草鱼成鱼养殖地区也有阳性样品检出。其中，上海、广东、江西、湖北和广西等草鱼主养省（自治区、直辖市）已连续4年检出了GCRV阳性样品。由此可见，草鱼苗种和成鱼主要生产省（自治区、直辖市）都是草鱼出血病的重点防控地区。

（2）**苗种传播GCRV的风险较高**　2021年GCRV阳性样品中，5厘米以下的样品占阳性样品总数的18.8%；5～20厘米的样品占阳性样品总数的75.0%；20～25厘米的样品占阳性样品总数的6.3%；25厘米以上的样品无阳性样品检出。其中，5～20厘米规格的草鱼苗种占阳性样品比例最高。国家级和省级原良种场的阳性检出率大于10.0%，苗种携带病原流通进一步加大了草鱼出血病在各养殖地区之间传播的风险。

（3）**以免疫为主的综合防控技术可以降低GCHD的发病率**　流行病学调查结果表明，阳性养殖场点大多数没有接种疫苗。近年来，江西和广东等疫苗接种率较高的地区阳性检出率有所下降，均未发生草鱼出血病大规模暴发的情况。此外，养殖密度合适、加开增氧机和使用微生态制剂等措施，可改善草鱼养殖环境，减少草鱼出血病的发生。

下一步风险管控建议：一是加速GCRV快速检测试剂盒和免疫防控产品的研发；二是加强草鱼出血病苗种监测，严格执行苗种产地检疫制度；三是加强阳性养殖场点的苗种溯源调查，规范GCRV阳性养殖场点的处置。

（四）传染性造血器官坏死病
(Infectious haematopoietic necrosis，IHN)　〉〉〉〉〉

1. 监测情况

（1）**监测范围**　《国家监测计划》对IHN的监测范围包括北京、河北、辽宁、吉林、黑龙江、山东、云南、甘肃、青海和新疆10个省（自治区、直辖市），涉及33个区（县）50个乡（镇）。监测对象主要是虹鳟（包括金鳟）等鲑鳟鱼类。

（2）**监测结果**　共设置监测养殖场点83个，检出了传染性造血器官坏死病病毒（IHNV）阳性养殖场点1个，平均阳性养殖场点检出率为1.2%。其中，国家级原良种场2个，未检出阳性；省级原良种场8个，未检出阳性；苗种场13个，未检出阳性；引育种中心1个，未检出阳性；成鱼养殖场59个，阳性1个，检出率1.7%（图7）。

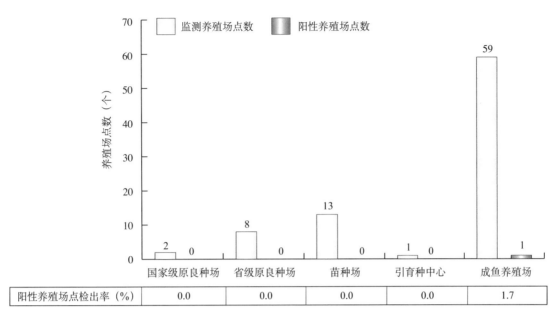

图7　2021年各类型养殖场点IHNV阳性检出情况

　　在10省（自治区、直辖市）中，仅青海检出了阳性样品。青海15个监测养殖场点检出了1个阳性，检出率为6.7%。

　　10省（自治区、直辖市）共采集样品111批次，检出了阳性样品1批次，平均阳性样品检出率为0.9%。

　　（3）阳性养殖品种和养殖模式　监测的养殖品种有虹鳟（包括金鳟）和鲑。其中，仅在鲑中检出了阳性样品。阳性养殖场的养殖模式为网箱养殖。

2. 风险评估

　　2021年仅在青海省检出1个IHNV阳性样品，但是往年在我国其他主要的虹鳟鱼产地（河北、辽宁、山东、云南、甘肃、新疆等）均检出了IHNV阳性样品，有些省份甚至是连续多年检出，这表明IHN已在这些地区定植，很难完全清除。虽然2021年在上述省（自治区）均未检出IHNV阳性样品，但并不排除依然会有IHN存在。因此，预计近年上述各地依然会有IHN发生的风险。

（五）病毒性神经坏死病（Viral nervous necrosis，VNN）　>>>>>>

1. 监测情况

　　（1）监测范围　《国家监测计划》对VNN的监测范围包括天津、河北、辽宁、浙江、福建、山东、广东、广西和海南9省（自治区、直辖市），涉及24个区（县）34个乡（镇）。

　　（2）监测结果　共设置监测养殖场点67个，检出了病毒性神经坏死病病毒（VNNV）阳性养殖场点14个，平均阳性养殖场点检出率为20.9%。其中，国家级原良种场2个，未检出阳性；省级原良种场13个，阳性5个，检出率38.5%；苗种场21个，阳性6个，检出率28.6%；成鱼养殖场31个，阳性3个，检出率9.7%（图8）。

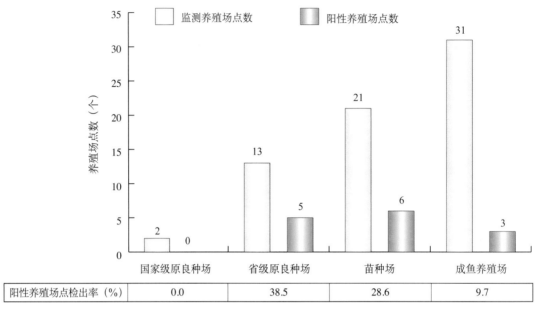

图8　2021年各类型养殖场点VNNV阳性检出情况

在9省（自治区、直辖市）中，浙江、福建、广东和广西4省（自治区）检出了阳性样品（图9）。

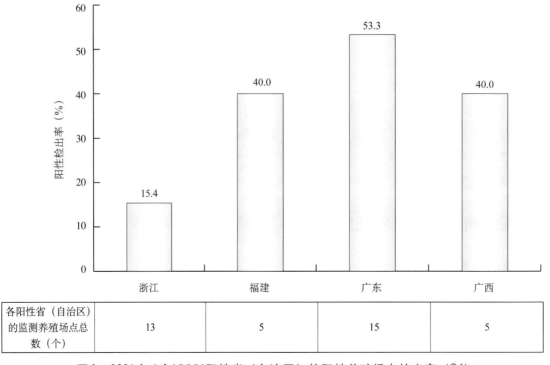

图9　2021年4个VNNV阳性省（自治区）的阳性养殖场点检出率（%）

9省（自治区、直辖市）共采集样品80批次，检出了阳性样品18批次，平均阳性样品检出率为22.5%。

（3）**阳性养殖品种和养殖模式** 监测的养殖品种有石斑鱼、卵形鲳鲹、鲈（海水）、半滑舌鳎、大黄鱼、鮃、鲷和河鲀等品种。其中，在石斑鱼、卵形鲳鲹和鲈（海水）中检出了阳性样品。阳性养殖场的养殖模式有池塘养殖、工厂化养殖和网箱养殖，池塘养殖感染占比高于工厂化养殖和网箱养殖。

2. 风险评估

（1）**VNN在南方养殖区域广泛流行** 根据2016—2021年连续6年的监测结果可得，截至目前，天津、河北、浙江、福建、山东、广东、广西和海南等多个省（自治区、直辖市）检出了病毒性神经坏死病病毒（VNNV）阳性样品；其中，福建、广东、广西和海南均在6年监测内至少有3年检出了阳性。由此可见，南方省份是需要重点防控VNN的地区。

（2）**VNN病原宿主品种逐渐增多** 自2016年开展VNN监测以来，共检出了阳性样品238批次，阳性品种主要包括石斑鱼、卵形鲳鲹、鮃、河鲀、大黄鱼和鲈（海水）。虽然石斑鱼仍然是VNNV易感主要品种，但VNNV在越来越多的宿主品种中检出，继2020年首次在鲈（海水）样品中检出了VNNV后，2021年又在1批次鲈（海水）样品中检出了VNNV，养殖品种宿主范围的扩展将进一步加大VNNV广泛传播的风险。从近年监测结果来看，VNNV主要感染石斑鱼及少量卵形鲳鲹、河鲀、鲈（海水）、鮃和大黄鱼等鱼类；并主要发生于苗种期，尤其是体长小于10厘米的苗种，易暴发于夏秋高温季节。

（3）**苗种场是VNNV传播高风险点** 2021年省级原良种场和苗种场的监测点阳性率均远高于2020年。2016—2021年，省级原良种场VNN监测点阳性率分别为：66.7%、25.0%、30.0%、44.4%、9.5%、38.5%，苗种场VNN监测点阳性率分别为：11.1%、20.3%、28%、31.7%、9.7%、28.6%，结果显示，苗种场是VNNV传播高风险点，通过苗种传播VNNV将给水产养殖业造成严重的后果。

下一步风险管控建议：一是加强VNN检测方法和防控技术的开发；二是做好阳性养殖场点的苗种溯源调查；三是持续加强监测工作；四是进一步加强苗种生产管理。

（六）鲫造血器官坏死病
(Crucian carp haematopoietic necrosis，CHN) >>>>>

1. 监测情况

（1）**监测范围** 《国家监测计划》对CHN的监测范围包括北京、天津、河北、吉林、上海、江苏、浙江、安徽、江西、山东、河南、湖北、湖南、重庆和四川15个省（直辖市），涉及85个区（县）109个乡（镇）。监测对象主要是鲫，部分为金鱼。

（2）**监测结果** 共设置监测养殖场点123个，检出了鲤疱疹病毒Ⅱ型（CyHV-2）阳性养殖场点2个，平均阳性养殖场点检出率为1.6%。其中，国家级原良种场4个，未检出阳性；省级原良种场23个，未检出阳性；苗种场41个，未检出阳性；观赏鱼养殖场6个，阳性1个；成鱼养殖场49个，阳性1个，检出率2.0%（图10）。

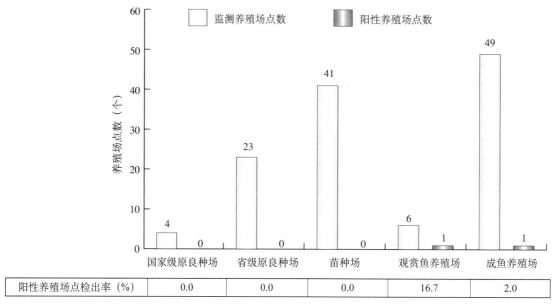

图10　2021年各类型养殖场点CyHV-2阳性检出情况

在15省（自治区、直辖市）中，北京和上海2市检出了阳性样品。其中，北京3个监测养殖场点检出了1个阳性；上海10个监测养殖场点检出了1个阳性，检出率为10.0%（图11）。

15省（自治区、直辖市）共采集样品132批次，检出了阳性样品2批次，平均阳性样品检出率为1.5%。

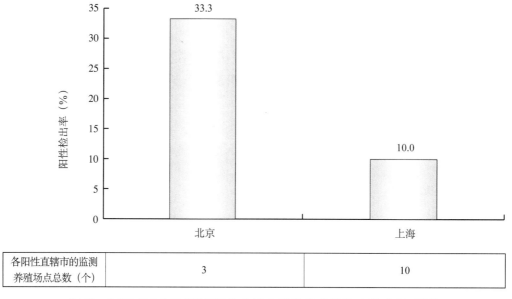

图11　2021年2个CyHV-2阳性直辖市的阳性养殖场点检出率（％）

（3）**阳性养殖品种和养殖模式**　监测的养殖品种包括鲫和金鱼，以鲫为主，均有阳性样品检出。阳性养殖场的养殖模式均为池塘养殖。

2. 风险分析

（1）从阳性样品种类来看，2021年在鲫和金鱼养殖品种中均检出1批次CyHV-2阳性样品。部分区域金鱼的阳性样品检出率达20.0%，该结果与2020年监测阳性检出率持平，说明我国金鱼养殖业CHN感染仍有较高风险，我国还需多加关注观赏鱼养殖场CHN的发生流行情况，并应持续重视及加强我国观赏鱼养殖场的健康管理和日常监测。

（2）从阳性区域分布来看，在2021年纳入监测的15个省（自治区、直辖市）中，北京和上海检出CyHV-2阳性样品。根据2015—2020年监测结果，北京连续7年均检出阳性样品。北京是我国观赏鱼主养区域之一，需加强对CHN的监测和防控。江苏和湖北是我国鲫的主要养殖省份，在2021年虽未检出阳性样品，仍需持续跟踪监测。

（3）从阳性养殖场点的类型来看，2021年国家级原良种场、省级原良种场和苗种场均未检出CyHV-2阳性样品，相比2020年监测结果，原良种场和苗种场的生物安保管理方面有所改善，但应持续对原良种场和苗种场进行监测，从源头防控疫病传播风险。2021年成鱼养殖场和观赏鱼养殖场各检出1个阳性养殖场点，建议加强成鱼和观赏鱼养殖过程的健康监管，以免引起CHN病原传播扩散。

（七）鲤浮肿病（Carp edema virus disease，CEVD）　>>>>>

1. 监测情况

（1）**监测范围**　《国家监测计划》对CEVD的监测范围包括北京、天津、河北、内蒙古、辽宁、吉林、黑龙江、上海、江苏、浙江、安徽、江西、山东、河南、湖北、湖南、广东、重庆、四川、贵州、宁夏和新疆22个省（自治区、直辖市），涉及98个区（县）127个乡（镇）。监测对象主要是鲤和锦鲤。

（2）**监测结果**　共设置监测养殖场点144个，检出了鲤浮肿病毒（CEV）阳性养殖场点10个，平均阳性养殖场点检出率为6.9%。其中，国家级原良种场4个，未检出阳性；省级原良种场32个，阳性2个，检出率6.3%；苗种场38个，阳性2个，检出率5.3%；观赏鱼养殖场25个，阳性4个，检出率16.0%；成鱼养殖场45个，阳性2个，检出率4.4%（图12）。

在22省（自治区、直辖市）中，北京、黑龙江、上海、江西、广东和贵州6省（直辖市）检出了阳性样品。其中，北京4个监测养殖场点检出了2个阳性（图13）。

22省（自治区、直辖市）共采集样品149批次，检出了阳性样品10批次，平均阳性样品检出率为6.7%。

（3）**阳性养殖品种和养殖模式**　监测的养殖品种主要是鲤和锦鲤，均有阳性样品检出。阳性养殖场的养殖模式为淡水池塘养殖和淡水工厂化养殖。

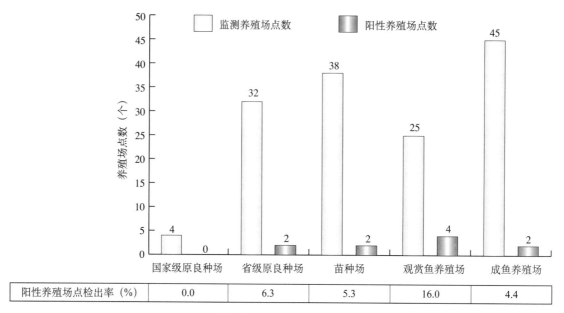

图12 2021年各类型养殖场点CEV阳性检出情况

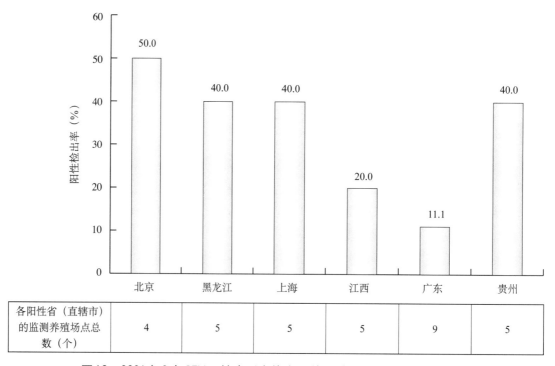

图13 2021年6个CEV阳性省（直辖市）的阳性养殖场点检出率（％）

2. 风险评估

近几年，我国北京、河北和河南等地局部发生了CEVD疫情，各地对发病养殖场采取了消毒和专项调查等处理方式。虽然2021年全国CEVD发病面积率和发病后死亡率较发病高峰年份有所下降，但仍不容忽视。后期应重视并持续加强对CEVD高发地区的监测和防控。

（八）传染性胰脏坏死病（Infectious pancreatic necrosis，IPN）》》》》》

1. 调查概况

（1）调查范围 《国家监测计划》对IPN的调查范围包括北京、河北、吉林、黑龙江、甘肃、青海和新疆7省（自治区、直辖市），涉及19个区（县）26个乡（镇）。调查对象主要为鳟和鲑。

（2）调查结果 共设置监测养殖场点39个，检出了传染性胰脏坏死病毒（IPNV）阳性养殖场点6个，平均阳性养殖场点检出率为15.4%。其中，国家级原良种场2个，阳性1个；省级原良种场4个，未检出阳性；苗种场7个，阳性1个；引育种中心1个，未检出阳性；成鱼养殖场25个，阳性4个，检出率16.0%（图14）。

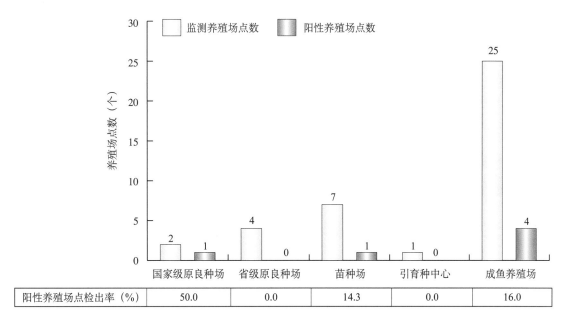

图14 2021年各类型养殖场点IPNV阳性检出情况

在7省（自治区、直辖市）中，甘肃和青海2省检出了阳性样品。其中，甘肃的阳性养殖场点检出率最高，8个监测养殖场点检出了4个阳性（图15）。

7省（自治区、直辖市）共采集样品86批次，检出了阳性样品12批次，平均阳性样品检出率为14.0%。

（3）阳性养殖品种和养殖模式 调查的养殖品种主要是虹鳟，还有少量鲑，均有阳性样品检出。阳性养殖场的养殖模式为流水养殖和网箱养殖。

2. 风险评估

不同IPN病毒株对鳟的致病力相差很大。国际上公认的强毒株是欧洲的Sp株（即A2血

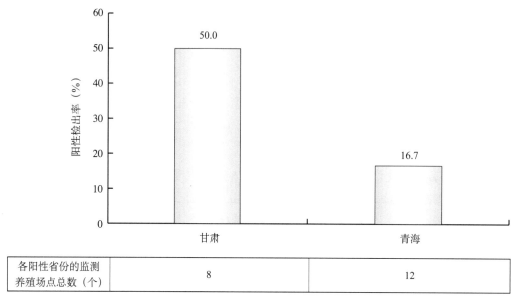

图15 2021年2个IPNV阳性省份的阳性养殖场点检出率（％）

清型或基因Ⅴ型）和美洲的VR299株（即A9血清型或基因Ⅰ型）。2021年在甘肃和青海检出的IPNV基因型主要为Ⅴ型，与强毒株Sp株高度同源，强毒株的流行极大增加了我国传染性胰脏坏死病疫情发生的风险。

二、甲壳类疫病

（一）白斑综合征（White spot disease，WSD） 〉〉〉〉〉

（1）**监测范围** 《国家监测计划》对WSD的监测范围包括天津、河北、内蒙古、辽宁、上海、江苏、浙江、安徽、福建、江西、山东、湖北、广东、广西和海南15个省（自治区、直辖市），涉及101个区（县）166个乡（镇）。监测对象为甲壳类。

（2）**监测结果** 共设置监测养殖场点388个，检出了白斑综合征病毒（WSSV）阳性养殖场点35个，平均阳性养殖场点检出率为9.0%。其中，国家级原良种场4个，未检出阳性；省级原良种场44个，未检出阳性；苗种场218个，阳性9个，检出率4.1%；成虾养殖场122个，阳性26个，检出率21.3%（图16）。

在15省（自治区、直辖市）中，河北、辽宁、江苏、安徽、山东和湖北6省检出了阳性样品。其中，安徽10个监测养殖场点检出了10个阳性，检出率为100.0%；湖北10个监测养殖场点检出了9个阳性，检出率为90.0%（图17）。

15省（自治区、直辖市）共采集样品429批次，检出了阳性样品37批次，平均阳性样品检出率为8.6%。

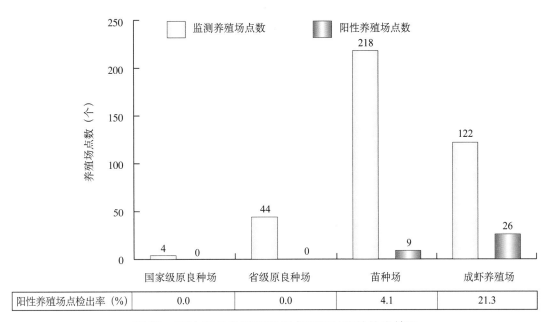

图16 2021年各类型养殖场点WSSV阳性检出情况

阳性养殖场点检出率（%）	0.0	0.0	4.1	21.3

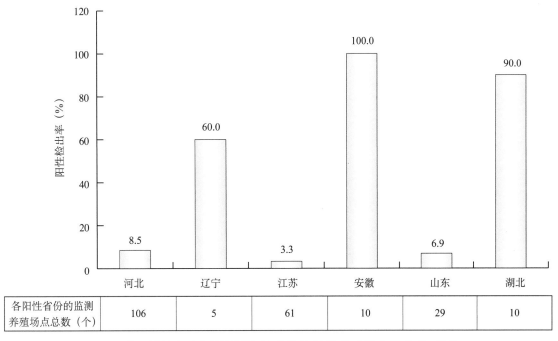

各阳性省份的监测养殖场点总数（个）	106	5	61	10	29	10

图17 2021年6个WSSV阳性省份的阳性养殖场点检出率（%）

（3）**阳性养殖品种和养殖模式** 监测的养殖品种有凡纳滨对虾、斑节对虾、中国明对虾、日本囊对虾、罗氏沼虾、日本沼虾、克氏原螯虾和中华绒螯蟹。其中，在凡纳滨对虾（海水）、罗氏沼虾、中华绒螯蟹、克氏原螯虾、中国明对虾和日本囊对虾中检出了阳性样品。阳性养殖场的养殖模式为池塘养殖、工厂化养殖、稻虾连作和其他养殖模式。

（二）传染性皮下和造血组织坏死病（Infection with infectious hypodermal and haematopoietic necrosis virus，IHHN）〉〉〉〉〉

（1）**监测范围** 《国家监测计划》对IHHN的监测范围包括天津、河北、辽宁、上海、江苏、浙江、安徽、福建、江西、山东、湖北、广东、广西和海南14省（自治区、直辖市），涉及97个区（县）164个乡（镇）。监测对象为甲壳类。

（2）**监测结果** 共设置监测养殖场点351个，检出了传染性皮下和造血组织坏死病毒（IHHNV）阳性养殖场点34个，平均阳性养殖场点检出率为9.7%。其中，国家级原良种场3个，未检出阳性；省级原良种场42个，阳性3个，检出率7.1%；苗种场189个，阳性18个，检出率9.5%；成虾养殖场117个，阳性13个，检出率11.1%（图18）。

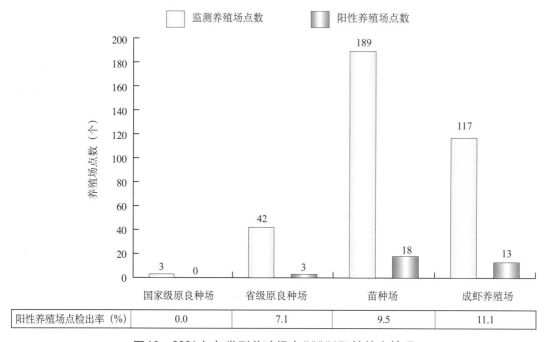

图18　2021年各类型养殖场点IHHNV阳性检出情况

在14省（自治区、直辖市）中，河北、江苏、浙江、广东和山东5省检出了阳性样品。其中，河北106个监测养殖场点检出了23个阳性，检出率为21.7%；广东39个监测养殖场点检出了4个阳性，检出率为10.3%（图19）。

14省（自治区、直辖市）共采集样品392批次，检出了阳性样品34批次，平均阳性样品检出率为8.7%。

（3）**阳性养殖品种和养殖模式** 监测的养殖品种有凡纳滨对虾、斑节对虾、中国明对虾、日本囊对虾、罗氏沼虾、克氏原螯虾和日本沼虾。其中，在凡纳滨对虾、中国明对虾和罗氏沼虾中检出了阳性样品。阳性养殖场的养殖模式为池塘养殖和工厂化养殖。

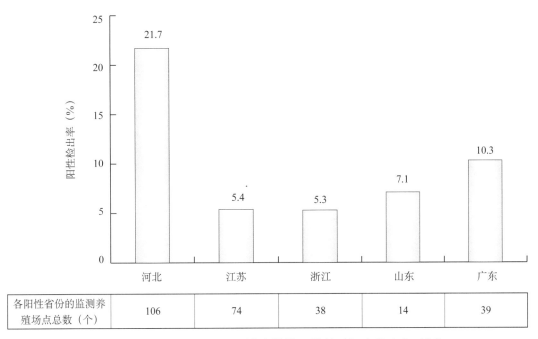

各阳性省份的监测养殖场点总数（个）	106	74	38	14	39

图19　2021年5个IHHNV阳性省份的阳性养殖场点检出率（％）

（三）虾肝肠胞虫病

（Enterocytozoon hepatopenaei disease，EHPD）　>>>>>

（1）**调查范围**　《国家监测计划》对EHPD的调查范围包括河北、辽宁、江苏、安徽、江西、山东、湖北和海南8省，涉及39个区（县）56个乡（镇）。调查对象为我国当前主要的6种养殖甲壳动物，包括凡纳滨对虾、斑节对虾、日本囊对虾、中国明对虾、克氏原螯虾和日本沼虾。

（2）**调查结果**　共设置监测养殖场点86个，检出虾肝肠胞虫（EHP）阳性养殖场点5个，平均阳性养殖场点检出率为5.8%。其中，国家级原良种场1个，未检出阳性；省级原良种场3个，未检出阳性；苗种场38个，阳性4个，检出率10.5%；成虾养殖场44个，阳性1个，检出率2.3%（图20）。

在8省中，河北、辽宁和山东3省检出阳性样品。其中，河北10个监测养殖场点检出了3个阳性，检出率为30.0%；辽宁5个场点，检出1个阳性；山东14个场点，检出1个阳性，检出率7.1%（图21）。

8省共采集样品92批次，检出阳性样品5批次，平均阳性样品检出率为5.4%。

（3）**阳性养殖品种和养殖模式**　在所调查的养殖品种中，只有凡纳滨对虾（海水）检出阳性样品。阳性养殖场的养殖模式为池塘养殖和工厂化养殖。

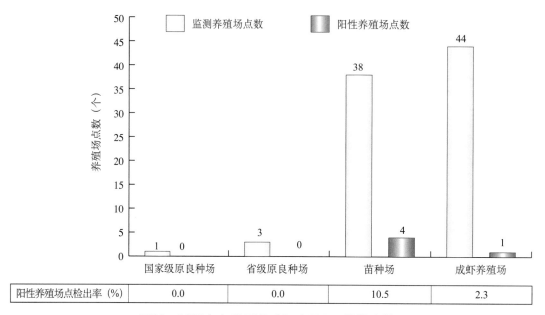

图20　2021年各类型养殖场点EHP阳性检出情况

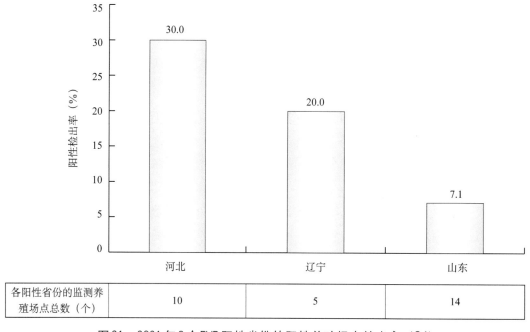

图21　2021年3个EHP阳性省份的阳性养殖场点检出率（％）

（四）十足目虹彩病毒病

（Infection with Decapod iridescent virus 1, iDIV1）　〉〉〉〉〉

（1）**调查范围**　《国家监测计划》对iDIV1的调查范围包括河北、辽宁、江苏、安徽、江西、山东、湖北和海南8个省，涉及41个区（县）64个乡（镇）。调查对象包括凡纳滨对虾、中国明对虾、日本囊对虾、斑节对虾、脊尾白虾、日本沼虾和克氏原螯虾等7种主要甲壳类养殖品种。

（2）调查结果　共设置监测养殖场点102个，检出十足目虹彩病毒1（DIV1）阳性养殖场点1个，平均阳性养殖场点检出率为1.0%。其中，国家级原良种场1个，未检出阳性；省级原良种场3个，未检出阳性；苗种场45个，未检出阳性；成虾养殖场53个，阳性1个，检出率1.9%（图22）。

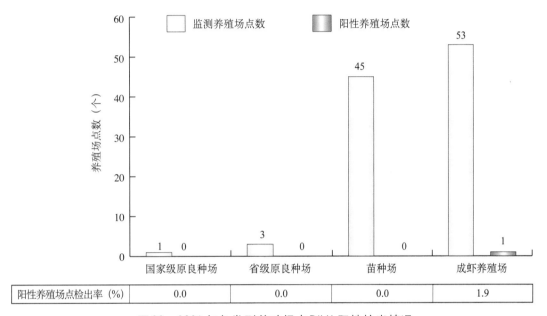

图22　2021年各类型养殖场点DIV1阳性检出情况

在8省中，仅安徽检出了阳性样品。安徽10个监测养殖场点检出了1个阳性，检出率为10.0%。8省共采集样品110批次，检出了阳性样品1批次，平均阳性样品检出率为0.9%。

（3）阳性养殖品种和养殖模式　调查的养殖品种中，只有克氏原螯虾检出了阳性样品。阳性养殖场的养殖模式为稻虾连作。

（五）急性肝胰腺坏死病

（Acute hepatopancreatic necrosis disease，AHPND） >>>>>>

（1）调查范围　《国家监测计划》对AHPND的调查范围包括河北、辽宁、江苏、安徽、江西、山东、湖北和海南8个省，涉及41个区（县）63个乡（镇）。调查对象包括凡纳滨对虾、中国明对虾、日本囊对虾、斑节对虾、克氏原螯虾、脊尾白虾和日本沼虾等7种甲壳类养殖品种。

（2）调查结果　共设置监测养殖场点101个，检出了一类含有特殊毒力因子的弧菌（V_{AHPND}）阳性1个，平均阳性养殖场点检出率为1.0%。其中，国家级原良种场1个，未检出阳性；省级原良种场3个，未检出阳性；苗种场45个，阳性1个，检出率2.2%；成虾养殖场52个，未检出阳性（图23）。

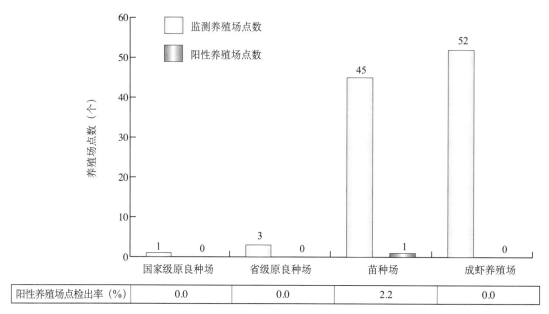

图23　2021年各类型养殖场点 V_{AHPND} 阳性检出情况

在8省中，仅山东检出了阳性样品。山东14个监测养殖场点检出1个阳性，检出率为7.1%。8省共采集样品109批次，检出了阳性样品1批次，平均阳性样品检出率为0.9%。

（3）**阳性养殖品种和养殖模式**　调查的养殖品种中，只有中国明对虾检出了阳性样品。阳性养殖场的养殖模式为工厂化养殖。

（六）甲壳类疫病风险评估 〉〉〉〉〉

2021年，《国家监测计划》对5种甲壳类疫病进行了专项监测，监测样品数量较2020年有所减少，病原流行与危害趋势有一些新的变化。同时，在相关项目的支持下，中国水产科学研究院黄海水产研究所对我国甲壳类疫病流行情况进行了持续跟踪监测。具体情况如下：

（1）**白斑综合征**　根据近年来监测数据和产业发病情况分析，2010年以后WSSV的阳性样品检出率总体呈现波动下降的趋势，但仍应重视克氏原螯虾、罗氏沼虾和凡纳滨对虾的成虾养殖场中WSSV高阳性样品检出率的情况。建议制定相应政策措施，强化甲壳类养殖场生物安保措施，降低WSSV的流行，防止WSD对甲壳类养殖产业造成较大的经济损失。

（2）**传染性皮下和造血组织坏死病**　从总体上来看，2021年苗种场和成虾养殖场的阳性检出率较2020年均有所上升，但省级原良种场阳性检出率下降了将近50%。根据近年来监测数据和产业发病情况分析，IHHNV阳性率呈现平稳的趋势，建议在重视进口亲虾和苗种引入风险的同时，应继续加强养殖管理，降低IHHNV引入养殖场并传播、扩散的风险。

（3）**虾肝肠胞虫病**　与2020年相比，2021年EHP的阳性样品检出率下降了9.3%。其中，省级原良种场和成虾养殖场的阳性检出率均大幅度下降，但苗种场的阳性检出率有所上升。根据相关科研项目监测结果，过去10年，EHP年平均阳性检出率为20.0%左右，是持续危害我国养殖甲壳类的主要病原之一。因此，建议扩大监测范围，尤其是加强对重点苗种场EHP流行情况的监测，同时积极开展对EHP的苗种产地检疫。

（4）十足目虹彩病毒病　2021年对十足目虹彩病毒病的监测样品数大幅度下降，仅检出了1批次阳性样品。但根据科研项目监测结果，过去10年，DIV1在其中3个年份阳性率超过10.0%，在部分地区存在一定的流行风险。2021年，养殖对虾中DIV1阳性检出率升高，江苏淡水养殖罗氏沼虾中出现了一定数量的DIV1感染案例。

（5）急性肝胰腺坏死病　2020年首次将AHPND纳入监测后，2021年监测样品数和监测范围大幅度下降，尚不足以开展系统性分析。但根据科研项目监测结果，过去10年，急性肝胰腺坏死病病原（V_{AHPND}）年平均阳性样品检出率约为10.0%，且养殖对虾中存在V_{AHPND}与其他病原共感染情况，阳性样品主要集中在苗期阶段。因此，AHPND在我国对虾养殖区主要养殖品种中尚存在一定的传播和感染风险。建议继续加强虾类苗种场和养殖场中AHPND的监测，掌握AHPND疫情动态，更好地发挥监测体系服务虾类养殖产业的作用。

三、OIE名录疫病在我国的发生状况

世界动物卫生组织（OIE）*于2004年公布了水生动物疫病名录，并且每年更新1次。现行"OIE疫病名录"共收录水生动物疫病30种，包括鱼类疫病10种，甲壳类疫病10种，贝类疫病7种，两栖类动物疫病3种。其中，十足目虹彩病毒病为2021年新收录疫病。

依据《国家监测计划》及OIE参考实验室监测结果，2021年，鲤春病毒血症、锦鲤疱疹病毒病和传染性造血器官坏死病3种鱼类疫病，白斑综合征、传染性皮下和造血组织坏死病、急性肝胰腺坏死病、十足目虹彩病毒病、黄头病1型5种甲壳类疫病在我国局部发生（表2），其他疫病未检出。

表2　OIE名录疫病在我国的发生状况

序号	种类	疫病名称	2021年在我国发生状况
1		流行性造血器官坏死病	未曾检出
2		流行性溃疡综合征	未曾检出
3	鱼类疫病	大西洋鲑三代虫感染	未曾检出
4	10种	鲑传染性贫血症病毒感染	未曾检出
5		鲑甲病毒感染	未曾检出
6		**传染性造血器官坏死病**	有检出

---

*　世界动物卫生组织英语名称为World Organization for Animal Health，法语名称为Office international des épizootie，自1924年1月25日成立以来，其缩写一直采用法语简称"OIE"。2022年5月31日，世界动物卫生组织发布公告，将其缩写正式更改为英语简称"WOAH"。

（续）

序号	种类	疫病名称	2021年在我国发生状况
7	鱼类疫病 10种	锦鲤疱疹病毒感染	有检出
8		真鲷虹彩病毒感染	未曾检出
9		鲤春病毒血症	有检出
10		病毒性出血性败血症病	未曾检出
11	甲壳类疫病 10种	急性肝胰腺坏死病	有检出
12		螯虾瘟	未曾检出
13		坏死性肝胰腺炎	未曾检出
14		传染性皮下和造血组织坏死病	有检出
15		传染性肌坏死病毒感染	未曾检出
16		白尾病	未检出，上一次发生时间2013年6月
17		桃拉综合征	未检出，上一次发生时间2011年
18		白斑综合征	有检出
19		黄头病1型	有检出
20		十足目虹彩病毒病	有检出
21	软体动物疫病 7种	鲍疱疹病毒感染	未曾检出
22		杀蛎包拉米虫感染	未曾检出
23		牡蛎包拉米虫感染	未曾检出
24		折光马尔太虫感染	未曾检出
25		海水派琴虫感染	未曾检出
26		奥尔森派琴虫感染	未曾检出
27		加州立克次体感染	未曾检出
28	两栖类疫病 3种	箭毒蛙壶菌感染	未曾检出
29		蝾螈壶菌感染	未曾检出
30		蛙病毒属病毒感染	未曾检出

第三章 疫病预防与控制

一、技术成果及试验示范

2021年，水生动物防疫技术成果丰硕，一系列水生动物防疫技术成果获得省部级奖励。其中，"淡水池塘绿色养殖关键技术研发与应用"获中国商业联合会科学技术奖科技进步类一等奖；"优质淡水观赏鱼绿色高效繁养技术研发及产业化应用"获神农中华农业科技奖三等奖；"甘肃水产养殖病害监测与综合防控技术示范与推广""海水鱼虾重要疾病免疫学现场检测诊断技术研发与应用""紫菜健康栽培与延伸养殖核心技术研发与应用"等多项成果获得省部级奖励（见附录1）；中国水产科学研究院黑龙江水产研究所开展了IHN疫苗防治试验工作，取得了IHN核酸疫苗的转基因生物安全审批书（生产性试验）；另有授权国家发明专利50余项，软件著作权10余项。

2021年，农业农村部组织相关水生动物疫病首席专家团队，针对主要水生动物疫病开展了系统研究和多项防控技术成果示范应用。

（一）鲤春病毒血症 >>>>>>

首席专家刘荭研究员团队开展了鲤春病毒血症（SVC）等水生动物疫病监测和流行病学调查工作，针对鲤春病毒血症病毒（SVCV）实时荧光定量PCR技术进行了全面的比较、筛选、优化和验证，并对源自草鱼部分基因的毒株进行了查找和分析。

（二）锦鲤疱疹病毒病 >>>>>

首席专家张朝晖研究员团队面向全省持续开展锦鲤疱疹病毒（KHV）等病原检测技术实操培训和诊断技术指导（图24），为全省水生动物重大疫病监测提供技术保障。并优化了KHV实时荧光定量PCR技术，提高了检测灵敏度，为实施苗种产地检疫提供支撑。

（三）草鱼出血病 >>>>>

首席专家王庆研究员团队持续开展草鱼出血病（GCHD）等疫病常规监测，为养殖户提供技术服务（图25）；并构建了表面展示表达草鱼呼肠孤病毒（GCRV）保护性抗原的重组乳酸乳球菌，开展了GCRV重组芽孢杆菌口服疫苗的研制；完

图24　KHVD首席专家团队现场指导鱼病诊断

成了草鱼嗜水气单胞菌败血症、铜绿假单胞菌赤皮病二联蜂胶灭活疫苗的临床试验，提交了维氏气单胞菌败血症蜂胶灭活疫苗临床试验申请。

图25　GCHD首席专家团队为养殖户提供技术服务

（四）传染性造血器官坏死病 〉〉〉〉〉

首席专家徐立蒲研究员团队对青海等省份进行了防控技术培训和防治技术指导（图26），对水库网箱养殖虹鳟IHN发病死亡情况进行了专项调查；参与策划《虹鳟苗种培育阶段常见疾病预防技术》宣传片拍摄，并在"中国水产"微信公众号播放；通过直播讲堂开展鲑鳟鱼主要疾病及防控技术线上培训；中国水产科学研究院黑龙江水产研究所"冷水性鱼类病害防控创新团队"启动了国家重点研发计划－政府间国际科技创新合作重点专项"鲑鳟鱼IHN病毒系统进化与分子流行病学"，在传染性造血器官坏死病毒（IHNV）与宿主相互作用机制研究方面取得了新的进展，发现了IHNV感染内皮祖细胞（EPC）能够诱导自噬，自噬的发生能够明显抑制IHNV复制，并对IHNV诱导细胞自噬的机制展开了深入研究。

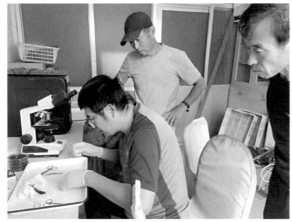

图26　IHN首席专家团队在现场指导虹鳟病害防治工作

（五）病毒性神经坏死病 〉〉〉〉〉

首席专家樊海平研究员团队开展了石斑鱼病毒性神经坏死病流行病学调查等工作（图27）。另外，在赤点石斑鱼神经坏死病毒（RGNNV）致病机制研究方面有了新进展，华南农业大学发现了该病毒主要攻击石斑鱼中脑细胞中的GLU1和GLU3神经元；病毒感染后，脑组织中的小胶质细胞可以转化为M1型活化巨噬细胞并产生细胞因子，可降低病毒对鱼神经组织的损伤。华中农业大学证实了RGNNV的B2蛋白抑制了RNA聚合酶Ⅱ（RNAPⅡ）复合物指导的宿主转录，从而阻断IFN介导的抗病毒反应。中山大学揭示了miRNA在RGNNV诱导的细胞自噬中起了重要作用。在鱼类病毒性神经坏死病的防控研究方面，西北农林科技大学尝试将单壁碳纳米管（SWCNT）作为NNV亚单位疫苗和抗病毒药物的载体，用于该病的预防和治疗，取得了良好的效果。

图27　VNN首席专家团队开展石斑鱼病毒性神经坏死病流行病学调查

（六）鲫造血器官坏死病　>>>>>

首席专家曾令兵研究员团队密切关注了鲫养殖过程中鲫造血器官坏死病（CHN）的问题，收集不同地区病鱼样本，开展了病毒分离、分子检测与分子流行病学研究，对全国不同地区送检的鲤疱疹病毒Ⅱ型（CyHV-2）进行了检测，查明了CHN的流行病学特征，并多次深入湖北、江苏等地养殖生产一线为鲫养殖户提供应急技术服务，发放CHN防治策略手册300余份，较好地满足了社会服务需求（图28）。

图28　CHN首席专家团队现场调研、应急诊治服务及交流培训

（七）鲤浮肿病　>>>>>

首席专家徐立蒲研究员团队持续开展了CEVD监测、流行病学调查和疾病诊断技术指导（图29），并形成了《鲤浮肿病预防和应急管理规程》，在示范点应用取得了显著效果。

此外，连续4年承担了全国CEV检测能力验证工作；河北、河南等省水产技术推广机构组织开展了该病的专项调查工作。同时，深圳海关刘荭研究员团队开展了CEV流行病学分析，首次在我国发现了Ⅱb基因型CEV毒株，并开展了CEV中国流行株对普通鲤和锦鲤的致病性、动力学特征和造成的组织病理变化等的比较研究，为CEV防控提供技术参考。

图29　CEVD首席专家团队现场开展疾病诊断

（八）传染性胰脏坏死病 〉〉〉〉〉

北京市水产技术推广站徐立蒲研究员团队与中国水产科学研究院黑龙江水产研究所分别对国内传染性胰脏坏死病毒（IPNV）基因型进行了深入分析研究，发现近几年流行的IPNV基因型主要是Ⅴ型和Ⅰ型；青海省渔业技术推广中心组织举办了传染性胰脏坏死病防控技术培训班。

（九）对虾主要疫病及新发病 〉〉〉〉〉

首席专家张庆利研究员团队针对白斑综合征（WSD）、传染性皮下和造血组织坏死病（IHHN）、十足目虹彩病毒病（IDIV1）和急性肝胰腺坏死病（AHPND）等对虾主要疫病及新发病开展了监测、分子流行病学调查和防治技术指导（图30）。此外，通过分子生物学检测、原位杂交和电镜分析研究揭示了偷死野田村病毒（CMNV）可自然感染养殖刺参和大黄鱼，需关注该病毒跨物种传播风险；并研发了AHPND现场快速高灵敏检测技术和试剂盒；同时，通过模拟自然的人工感染等方式揭示出十足目虹彩病毒1（DIV1）可自然或人工感染三疣梭子蟹。

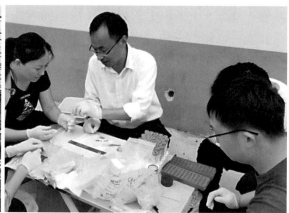

图30 对虾疫病首席专家团队开展现场技术指导

二、监督执法与技术服务

（一）水产苗种产地检疫 〉〉〉〉〉

为加强水产苗种产地检疫和监督执法，严格控制水生动物疫病传播源头，推动水产养殖业绿色高质量发展，2021年农业农村部继续全面实施水产苗种产地检疫制度。截至2021年年底，全国累计确认渔业官方兽医7 765名，全年共出具电子《动物检疫合格证明》8 895份，另出具纸质《动物检疫合格证明》11 570份，共检疫苗种740.93亿余尾。全国水产技术推广总站采取线上+线下相结合方式举办了2021年全国水产苗种产地检疫培训班，本次培训的浏览量达到了26万余人次（图31、图32）。

图31 2021年全国水产苗种产地检疫培训班现场

图32　地方分会场和手机端、电脑端接受培训

（二）全国水生动物疾病远程辅助诊断服务 >>>>>

优化了"全国水生动物疾病远程辅助诊断服务网"（简称"鱼病远诊网"）服务方式和功能，开发了"鱼病远诊网"APP和微信小程序；增设了"当前渔事"模块，拍摄并发布了防病知识视频；在"中国水产"APP增加了"鱼病远诊网"模块，以进一步扩大受众面。目前"鱼病远诊网"拥有国家级/省级专家139名，自2012年开通以来累计浏览量达100万余人次，连续9年被农业农村部列为"免费为农渔民办理的实事"之一。

（三）技术培训及技术指导 >>>>>

2021年，全国水生动物防疫体系共举办省级以上线上＋线下技术培训70余次，受训人数约14万人次。另外，农业农村部水产养殖病害防治专家委员会专家、国家水生动物疫病监测首席专家等坚持深入养殖生产一线，开展形式多样的技术培训和技术指导。专家共开展了技术培训130余次，受训人数达130万余人次，现场技术指导200余次，发放疫病防控相关宣传资料2万余份（图33至图39）。

图33　全国水产技术推广总站举办全国水产养殖疾病防控专家直播讲堂

图34 福建省水产技术推广总站举办渔业官方兽医暨水生动物疫病监测技术培训班

图35 山东省渔业技术推广站举办水产养殖病害测报工作研讨培训班

图36 广东动物疫病预防控制中心举办水产苗种产地检疫技术培训班

图37　广西壮族自治区水产技术推广站举办水产养殖疾病诊断跟班操作技术培训班

图38　四川省水产技术推广总站举办全省渔业官方兽医线上培训班

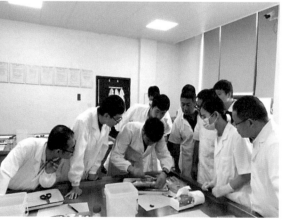

图39　浙江省水产技术推广总站举办全省农业职业技能大赛（水生物病害防治员）暨骨干人员培训班

三、疫病防控体系能力建设

（一）全国水生动物防疫体系建设　>>>>>

《全国动植物保护能力提升工程建设规划（2017—2025年）》进一步落实，上下贯通、横向协调、运转高效、保障有力的动植物保护体系逐步完善。截至2021年年底，共启动或完成水生动物疫病监测预警能力建设项目52个，列入2022年启动计划的有7个，实施率为77%；共启动或完成水生动物防疫技术支撑能力建设项目10个，列入2022年启动计划的有4个，实施率为56%（附录2）。

（二）全国水生动物防疫系统实验室检测能力验证　>>>>>

为提高水生动物防疫体系能力，2021年农业农村部继续组织开展了水生动物防疫系统实验室检测能力验证。对鲤春病毒血症、锦鲤疱疹病毒病、鲤浮肿病、草鱼出血病、鲫造血器官坏死病、传染性造血器官坏死病、罗非鱼湖病毒病、病毒性神经坏死病、白斑综合征、传染性皮下和造血组织坏死病、急性肝胰腺坏死病、十足目虹彩病毒病、虾肝肠胞虫病、对虾偷死野田村病毒病14种疫病病原实验室的检测能力进行验证。全国共有222家单位报名参加了本次能力验证，其中206家单位取得相应疫病检测"满意"结果，为2014年开展能力验证以来最高水平。全国水产技术推广总站针对能力验证过程中出现的技术问题，采取线上+线下相结合的方式，举办了"2021年全国水生动物防疫系统实验室技术培训班"，来自全国水生动物防疫系统实验室的技术人员共2万余人次参加了培训（图40、图41）。

图40　2021年全国水生动物防疫系统实验室技术培训班（线下培训现场）

图41　2021年全国水生动物防疫系统实验室技术培训班（各地学员线上培训现场）

（三）水生动物防疫标准化建设　>>>>>

2021年，全国水生动物防疫标准化工作扎实开展。第四届水生动物防疫标准化工作组（以下简称"工作组"）完成了对《鱼类病毒性神经坏死病（VNN）诊断技术规程》等8项行业标准的审定，标准完成率达到100%。此外，发布实施了《斑节对虾杆状病毒病诊断规程 PCR检测法》等8项国家标准和《草鱼出血病监测技术规范》等5项行业标准（附录3）。据统计，目前全国发布现行有效的水生动物防疫相关标准共有297项；其中，国家标准39项，行业标准170项（含农业农村部水产行业标准102项，出入境检验检疫行业标准68项），地方标准88项，详见水生动物防疫标准目录清单二维码。

水生动物防疫标准目录清单

第四章　国际交流合作

2021年，我国积极参与推进全球"同一个健康"理念，持续开展水生动物防疫领域国际交流合作，认真履行水生动物卫生领域的国际义务，加强深化与联合国粮食及农业组织（FAO）、世界动物卫生组织（OIE）、亚太水产养殖中心网（NACA）等国际组织和其他国家的交流合作，致力于减少水生动物疾病的全球性传播，共同提升全球水生动物卫生安全。

一、第四届全球水产养殖大会

9月22—24日，由中国农业农村部、FAO和NACA共同主办的第四届全球水产养殖大会在上海召开，农业农村部部长唐仁健作视频致辞。本次会议以"面向食物供给和可持续发展的水产养殖"为主题，采取线上+线下相结合的方式召开，来自120个国家、地区和经济体及有关国际和区域组织的2 700多人参加了会议。会议发布了《促进全球水产养殖业可持续发展的上海宣言》。

中国水产科学研究院黄海水产研究所张庆利研究员受邀参会并主持水产养殖生物安保分论坛（图42）。在论坛评述环节，张庆利介绍了中国渔业主管部门通过实施国家水生动物疫病监测，掌握全国水产养殖病害发生情况，提升了国家水生动物疫病防控效率和水平。相关评述助力扩大了中国水产养殖病害防治工作的国际影响力。

图42　张庆利研究员主持会议

二、与FAO的交流合作

（一）持续推进PMP/AB项目 >>>>>

我国作为试点国家参与实施FAO"改善水生动物卫生状况"（PMP/AB）项目，并与FAO签署了第一期工作合作协议，完成了国家水生动物卫生状况自评估调查问卷，提交了国家水生动物疫病名录收录原则和草案，充分了解了"PMP/AB"生物安保管理理念和实施方案。

（二）参加FAO水生生物卫生管理线上对话会 >>>>>

6月7—9日，FAO组织召开了水生生物卫生管理线上对话会。会议主题为"鱼类兽医对话：探索在管理水生生物卫生方面的合作"。来自OIE、FAO、NACA等国际组织，以及30多个国家的180余人参加了视频会议。全国水产技术推广总站和中国水产科学研究院黄海水产研究所派员参加了会议，并作了我国水生生物卫生管理情况的报告（图43）。

图43　专家代表参加视频会议

（三）参加FAO水产养殖细菌耐药性监测视频培训班 >>>>>

7月26—30日，由FAO主办，亚太区域渔产品销售信息及技术咨询服务政府间组织（INFOFISH）和中国科学院水生生物研究所联合承办的"水产养殖抗微生物药物耐药性监测培训班"以视频的方式举行。FAO、NACA、美国密西西比州立大学以及中国科学院水生生物研究所和上海海洋大学等单位的知名专家进行授课研讨，来自越南、印度、印度尼西亚和柬埔寨等9个国家的140多名学员参加了此次视频培训。中国水产科学研究院珠江水产研究所邓玉婷副研究员受邀为培训班授课，并通过播放视频进行操作示范（图44）。

图44 邓玉婷副研究员授课

（四）协助FAO举办罗非鱼健康养殖在线研讨会 ＞＞＞＞＞

12月1—3日，FAO组织召开罗非鱼健康养殖研讨会，针对罗非鱼遗传育种、营养饲料、养殖模式、病害防控等方面开展了研讨；超过124个国家的千余名从业人员参与了本次研讨会。受全国水产技术推广总站委托，中国水产科学研究院珠江水产研究所王庆研究员和上海海洋大学赵金良教授作为中国地区召集人，组织国内罗非鱼健康养殖相关专家参与了本次线上研讨会（图45）。

图45 专家代表参加视频会议

（五）举办国际水产养殖耐药与生物安保学术研讨会 〉〉〉〉〉

12月20—21日，由中国水产科学研究院黄海水产研究所主办，FAO、美国密西西比州立大学、印度尼特大学和中国水产科学研究院珠江水产研究所协办的国际水产养殖耐药与生物安保学术研讨会以视频形式召开。FAO官员、各参考中心的主要成员，以及来自50多个国家和OIE、NACA等国际组织的500余人参加了会议（图46）。

图46 专家代表参加视频会议

三、与OIE的交流合作

（一）积极履行会员国义务 〉〉〉〉〉

一是做好OIE水生动物定点联系人工作，报送我国水生动物卫生状况半年报告。组织专家参加国际标准制修订，对OIE《水生动物诊断试验手册》和《水生动物卫生法典》进行评议，研提修订意见，多条评议意见被采纳。

二是参加了OIE亚太区委员会第32届大会。9月15—16日，我驻OIE代表黄保续同志率团出席了OIE亚太区委员会第32届大会。本届区域会由OIE总部主办、泰国政府承办，亚太区成员代表团和部分国际组织代表共约150人以视频形式参加了大会，会议全程进行了网络直播，共有395人观看。会议讨论了后新冠疫情时期应如何开展兽医工作、分析了区域主要动物卫生状况、介绍了OIE新版全球动物卫生信息系统（WAHIS）开发和使用情况，会议还强调了水生动物卫生工作重要性。

三是参加了OIE水生动物卫生区域合作框架指导委员会。12月6—7日，OIE水生动物卫生标准委员会委员、深圳海关刘莛研究员，中国水产科学研究院黄海水产研究所OIE参考实验室指认专家张庆利研究员和杨冰研究员参加了OIE水生动物卫生区域合作框架指导委员会第3次会议，OIE亚太区域办事处、FAO和NACA代表、亚太区域OIE参考实验室指认专家及项目负责人等30余人在线参会。会议介绍了亚太区域小型养殖场生物安保指南的收集评估和急性肝胰腺坏死病（AHPND）检测方法的修订等工作的进展，并就应用OIE科学网络开展新发疫病响应、利用eDNA检测水生动物病原和区域合作框架新名称等议题展开了讨论（图47）。

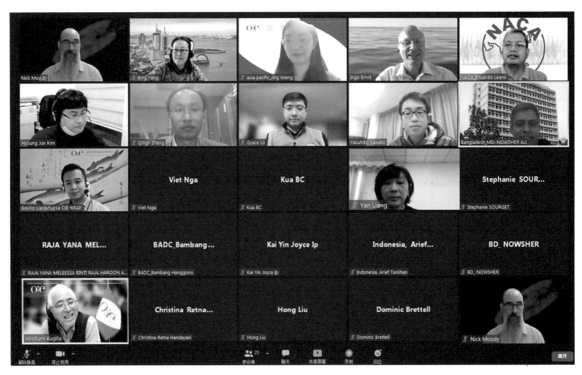

图47　专家参加OIE视频会议

（二）积极参与OIE水生动物卫生标准委员会工作　〉〉〉〉〉

2月和9月，深圳海关刘莛研究员作为OIE水生动物卫生标准委员会委员两次参加委员会线上会议，并对2022年OIE《水生动物诊断试验手册》《水生动物卫生法典》中更新和新增的内容进行了详细的讨论和制修订。此外，还对全球水生动物卫生领域参考实验室和协作中心的年度报告进行了审议；同时，对新增的参考实验室申请材料进行了评估（图48）。

图48 刘荭研究员参加OIE视频会议

12月，中国水产科学研究院黄海水产研究所董宣博士作为特别工作组专家参加了OIE水生动物紧急疫情应对和疾病暴发管理特别工作组第一次会议，OIE副总干事、特别工作组专家、国际观察员和OIE相关人员等参加会议（图49）。水生动物紧急疫情应对和疾病暴发管理特别工作组旨在为OIE《水生动物卫生法典》拟定水生动物紧急疫情应对和疾病暴发管理两个章节的框架与内容。本次会议商讨了水生动物紧急疫情的应对方案和措施标准，确定了《水生动物卫生法典》中水生动物紧急疫情应对方案章节的体例结构和框架内容。

图49 我国专家参加OIE水生动物紧急疫情应对和疾病暴发管理特别工作组会议

（三）积极履行OIE参考实验室职责 >>>>>

2月，中国水产科学研究院黄海水产研究所OIE参考实验室收到美国亚利桑那大学水产病理实验室选择中方实验室开展能力验证活动的请求。9月，我方实验室在得到农业农村部批准后向美方实验室提供了IHHNV DNA测试样品，并对其反馈检测结果进行了技术评估，结果均为"满意"。此次活动的顺利完成充分展示了我方OIE参考实验室在虾病诊断的技术水平和综合能力，发挥了国际平台技术指导和参考作用。

5月，OIE第88届国际代表大会通过中国水产科学研究院黄海水产研究所张庆利研究员为白斑综合征（WSD）OIE参考实验室指定专家，中国水产科学研究院黄海水产研究所杨冰研究员为传染性皮下和造血组织坏死病（IHHN）OIE参考实验室指定专家。

11月23日，中国水产科学研究院黄海水产研究所OIE参考实验室和印度尼西亚海洋与渔业部鱼类检疫检验局（FQIA）标准化体系与规则中心（BUSKIPM）联合开展的OIE参考实验室结对项目末次会议以视频方式举办。OIE官员、印度尼西亚政府官员，以及高校、企业代表近200余人在线参会。中国水产科学研究院黄海水产研究所张庆利和杨冰研究员作为母体实验室专家应邀参会并作报告（图50）。OIE对中国－印度尼西亚实验室的结对活动给予了充分肯定，高度赞赏中方OIE参考实验室在OIE实验室结对工作中的出色工作。

图50　中国－印度尼西亚OIE实验室结对项目末次交流会

四、与NACA的交流合作

2月9—10日，NACA组织召开了虾肝肠胞虫病（EHPD）防治对策在线咨询会。来自世界各地的200余人参加了视频会议。会议讨论了亚太区虾肝肠胞虫病的现状及当前的创新成果和防控策略建议等。我国与会代表积极参与了会议交流，并作了我国虾肝肠胞虫病防控经验的报告。

11月4—5日，NACA组织召开了线上第20次亚洲区域水生动物卫生咨询组会议（AGM20）。会议议题包括OIE水生动物卫生标准委员会（AAHSC）的更新，PMP/AB项目，以及亚太区水生动物卫生区域合作框架、疾病报告（QAAD）和疾病列表的最新情况等。我国与会代表积极参与了会议讨论，并介绍了我国参加"PMP/AB"项目情况和开展水产养殖生物安保工作的主要进展。

2021年，中国水产科学研究院黄海水产研究所董宣博士作为中方专家代表参加了NACA和OIE联合组织的亚太区水产养殖场生物安保调查项目，交流了我国水产养殖生物安保工作成效，了解了国际水产养殖生物安保经验，为完善我国水产养殖生物安保相关措施提供了支持。

第五章　水生动物疫病防控体系

一、水生动物疫病防控机构和组织

国家机构改革进一步深化，水生动物疫病防控体系进一步调整。

（一）水生动物疫病防控行政管理机构　>>>>>

依照《中华人民共和国动物防疫法》，国务院农业农村主管部门主管全国的动物防疫工作。县级以上地方人民政府农业农村主管部门主管本行政区域的动物防疫工作。县级以上人民政府其他有关部门在各自职责范围内做好动物防疫工作。军队动物卫生监督职能部门负责军队现役动物和饲养自用动物的防疫工作。国务院农业农村主管部门和海关总署等部门应当建立防止境外动物疫病输入的协作机制。

农业农村部内设渔业渔政管理局组织水生动植物疫病监测防控，承担水生动物防疫检疫相关工作，监督管理水产养殖用兽药使用和残留检测等。

中华人民共和国海关总署内设动植物检疫司，承担出入境动植物及其产品的检验检疫、监督管理工作。

（二）水生动物卫生监督机构　>>>>>

依照《中华人民共和国动物防疫法》，县级以上地方人民政府的动物卫生监督机构负责本行政区域的动物、动物产品的检疫工作。

目前，除江苏省设有水生动物卫生监督所外，其他省市承担水生动物、水生动物产品的检疫职责的机构名称不完全一致，主要有以下几种：农业农村行政主管局或行政内设处室、农业综合执法机构、渔政执法机构、动物疫病预防控制机构、水产技术推广机构、动物卫生监督所、水生动物卫生监督所等，这些具有水生动物、水生动物产品的检疫职责的机构形成了我国水生动物卫生监督体系。

（三）水生动物疫病预防控制机构　>>>>>

依照《中华人民共和国动物防疫法》，县级以上人民政府按照国务院的规定，根据统筹规划、合理布局、综合设置的原则建立动物疫病预防控制机构。动物疫病预防控制机构承担动物疫病的监测、检测、诊断、流行病学调查、疫情报告以及其他预防、控制等技术工作，承担动物疫病净化、消灭的技术工作。

1. 国家水生动物疫病预防控制机构

全国水产技术推广总站是农业农村部直属事业单位，承担国家水生动物疫病监测、流行病学调查、突发疫情应急处置和卫生状况评估，组织开展全国水产养殖动植物病情监测、预报和预防，组织开展防疫标准制修订工作等工作。

2. 省级水生动物疫病预防控制机构

天津市和广东省动物疫病预防控制中心同时承担水生和陆生动物疫病预防控制机构职责；北京、河北、吉林、黑龙江、江苏、浙江、福建、湖南、海南、重庆、陕西、甘肃、青海、宁夏、新疆15省（自治区、直辖市）和新疆生产建设兵团，以及宁波和深圳2个计划单列市，在水产技术推广机构加挂了水生动物疫病预防控制机构牌子；湖北在水产科研机构加挂了水生动物疫病预防控制机构牌子；山西、上海、安徽、江西、河南、贵州和云南7省（直辖市），以及大连、青岛和厦门3个计划单列市分别是水产技术推广机构或水产科研机构具有水生动物疫病预防控制机构职责；辽宁、山东和广西3省（自治区）是水产技术推广机构、水产科研机构等多家机构共同承担水生动物疫病预防控制机构职责；内蒙古自治区农牧业技术推广中心具有水生动物疫病预防控制机构职责；四川省水产局具有水生动物疫病预防控制机构职责（附录4）。

除四川省和新疆生产建设兵团外，其他28个省（自治区、直辖市）和大连、宁波、厦门、深圳4个计划单列市均建设了水生动物疫病监测预警实验室。

3. 地（市）级和县（市）级水生动物疫病预防控制机构

目前全国有189个地（市）的水产技术推广机构开展了水生动物疾病监测预防相关工作，国家和地方依托78个地（市）级水产技术推广机构建设了水生动物疾病监测预警实验室。全国共有918个县（市）的水产技术推广机构开展了水生动物疾病监测预防相关工作，国家和地方财政依托615个县（市）级水产技术推广机构建设了水生动物疾病监测预警实验室（附录5）。

（四）水生动物防疫科研体系 〉〉〉〉〉

我国水生动物疫病防控科研体系包括隶属国家部委管理的机构和隶属地方政府管理的机构。其中，隶属国家部委管理的，目前共有11个科研机构和5个高等院校拥有水生动物疫病防控相关技术专业团队，这些科研机构和高等院校分别归口农业农村部、中国科学院、自然资源部以及教育部指导管理（表3）；隶属地方政府管理的，多数省份设有水产研究机构，负责开展水生动物疫病防控技术研究相关工作。此外，还有不少地方高校拥有水生动物疫病防控相关技术的研究团队。

表3　隶属国家部委管理的水生动物疫病防控相关科研机构

序号	单位名称		官方网站
1	中国水产科学研究院	黄海水产研究所	http://www.ysfri.ac.cn
2		东海水产研究所	http://www.ecsf.ac.cn
3		南海水产研究所	http://southchinafish.ac.cn
4		黑龙江水产研究所	http://www.hrfri.ac.cn
5		长江水产研究所	http://www.yfi.ac.cn
6		珠江水产研究所	http://www.prfri.ac.cn
7		淡水渔业研究中心	http://www.ffrc.cn
8	中国科学院	水生生物研究所	http://www.ihb.ac.cn
9		海洋研究所	http://www.qdio.cas.cn
10		南海海洋研究所	http://www.scsio.ac.cn
11	自然资源部	第三海洋研究所	http://www.tio.org.cn
12	教育部	中山大学	http://www.sysu.edu.cn
13		中国海洋大学	http://www.ouc.edu.cn
14		华中农业大学	http://www.hzau.edu.cn
15		华东理工大学	https://www.ecust.edu.cn
16		西北农林科技大学	https://www.nwafu.edu.cn

为提升水生动物疫病的防控技术水平，农业农村部还依托有关单位设立了5个水生动物疫病重点实验室及7个《国家水生动物疫病监测计划》参考实验室。此外，世界动物卫生组织（OIE）认可的参考实验室有4个（表4）。

表4　水生动物疫病重点实验室和OIE参考实验室

序号	实验室名称（疫病领域）	依托单位
1	农业农村部淡水养殖病害防治重点实验室（农办科〔2016〕29号）	中国科学院水生生物研究所
2	海水养殖动物疾病研究重点实验室（发改农经〔2006〕2837号、农计函〔2007〕427号）	中国水产科学研究院黄海水产研究所

（续）

序号	实验室名称（疫病领域）	依托单位
3	农业农村部海水养殖病害防治重点实验室（农办科〔2016〕29号）	中国水产科学研究院黄海水产研究所
4	白斑综合征（WSD）OIE参考实验室（认可年份2011年）	
5	传染性皮下和造血组织坏死病（IHHN）OIE参考实验室（认可年份2011年）	
6	白斑综合征、传染性皮下和造血组织坏死病参考实验室（农渔发〔2021〕10号）	
7	长江流域水生动物疫病重点实验室（发改农经〔2006〕2837号、农计函〔2007〕427号）	中国水产科学研究院长江水产研究所
8	鲫造血器官坏死病参考实验室（农渔发〔2021〕10号）	
9	珠江流域水生动物疫病重点实验室（发改农经〔2006〕2837号、农计函〔2007〕427号）	中国水产科学研究院珠江水产研究所
10	草鱼出血病参考实验室（农渔发〔2021〕10号）	
11	鲤春病毒血症（SVC）OIE参考实验室（认可年份2011年）	深圳海关
12	传染性造血器官坏死病（IHN）OIE参考实验室（认可年份2018年）	
13	鲤春病毒血症参考实验室（农渔发〔2021〕10号）	
14	病毒性神经坏死病参考实验室（农渔发〔2021〕10号）	福建省淡水水产研究所
15	传染性造血器官坏死病、鲤浮肿病参考实验室（农渔发〔2021〕10号）	北京市水产技术推广站
16	锦鲤疱疹病毒病参考实验室（农渔发〔2021〕10号）	江苏省水生动物疫病预防控制中心

（五）水生动物防疫技术支撑机构 >>>>>

1. 渔业产业技术体系

根据农业农村部《关于现代农业产业技术体系"十三五"新增岗位科学家的通知》[农科（产业）函〔2017〕第23号]，农业农村部现代农业产业技术体系中共有6个渔业产业技术体系，分别为大宗淡水鱼、特色淡水鱼、海水鱼、藻类、虾蟹和贝类。每个产业技术体系均设立了疾病防控功能研究室及有关岗位科学家，在病害研究及防控中发挥着重要的技术支撑作用（附录6）。

2. 其他系统相关机构

国家海关系统的出入境检验检疫技术部门，在我国水生动物疫病防控工作中，特别是在出入境水生动物及其产品的监测、防范外来水生动物疫病传入方面，发挥着重要的技术支撑作用。

（六）水生动物医学高等教育体系 >>>>>

中国海洋大学、华中农业大学、上海海洋大学、大连海洋大学、广东海洋大学、华南农业大学、集美大学和西北农林科技大学分别设有水生动物医学学科方向的研究生培养体系。上海海洋大学、大连海洋大学、广东海洋大学、集美大学、青岛农业大学和仲恺农业工程学院分别于2012年、2014年、2016年、2017年、2018年、2021年起开设了水生动物医学本科专业并招生。这些高校是我国水生动物防疫工作者的摇篮，也是我国水生动物防疫体系的重要组成部分。

（七）专业技术委员会 >>>>>

1. 农业农村部水产养殖病害防治专家委员会

根据《农业部关于成立农业部水产养殖病害防治专家委员会的通知》（农渔发〔2012〕12号），农业农村部水产养殖病害防治专家委员会（以下简称"水产病害专家委"）于2012年成立，秘书处设在全国水产技术推广总站。2017年，换届成立了第二届水产病害专家委（农渔发〔2017〕44号），共有委员37名（附录7），分设海水鱼组、淡水鱼组和甲壳类贝类组3个专业工作组。水产病害专家委主要职责是：对国家水产养殖病害防治和水生动物疫病防控相关工作提供决策咨询、建议和技术支持；参与全国水产养殖病害防治和水生动物疫病防控工作规划及水生动物疫病防控政策制订；突发、重大、疑难水生动物疫病的诊断、应急处置及防控形势会商；国家水生动物卫生状况报告、技术规范、标准等技术性文件审定；无规定疫病苗种场的评估和审定；国内外水生动物疫病防控学术交流与合作等。

2. 全国水产标准化技术委员会水产养殖病害防治分技术委员会

全国水产标准化技术委员会水产养殖病害防治分技术委员会（下称"分技委"）于2022年1月25日成立，秘书处挂靠全国水产技术推广总站，主要负责水产养殖动植物病害防治管理、技术及用品等国家标准制修订工作。分技委第一届委员会由35名委员组成（附录8）。分技委替代全国水生动物防疫标准化技术工作组承担以下职责：提出水生动物防疫标准化工作的方针、政策及技术措施等建议；组织编制水生动物防疫标准制（修）订计划；组织起草、审定和修订水生动物防疫国家标准和行业标准；负责水生动物防疫标准的宣传、释义和技术咨询服务等工作；承担水生动物防疫标准化技术的国际交流和合作等。分技委的成立，标志着我国水生动物防疫标准化工作步入了更加规范的轨道。

二、水生动物疫病防控队伍

（一）渔业官方兽医队伍 〉〉〉〉〉

水产苗种产地检疫制度进一步落实，至2021年年底，全国累计确认渔业官方兽医7 765名。

（二）渔业执业兽医队伍 〉〉〉〉〉

截至2021年，农业农村部共举办了全国水生动物类执业兽医资格考试7次。全国累计通过水生动物类执业兽医资格考试的人员6 089人次。其中，通过水生动物类执业兽医师资格合格线人数3 470人次，通过执业助理兽医师资格合格线人数2 619人次。通过执业注册和备案，最终取得水生动物类执业兽医师资格证书3 396人（含552名水产高级职称人员直接获得），执业助理兽医师资格证书1 689人，共计5 085人。

（三）水生物病害防治员 〉〉〉〉〉

自2001年起至今，已累计获证35 707人次，主要分布在基层生产一线、渔业饲料或水产用药生产企业、渔药经营门店、水产技术推广机构、水生动物疫病防控机构及其他渔业相关单位。2021年1月1日起，水生物病害防治员退出职业资格目录，相关鉴定工作已停。

第六章 水生动物防疫法律法规体系

一、国家水生动物防疫相关法律法规体系

近年来我国水生动物防疫相关法律法规体系逐步完善，目前已形成了以《中华人民共和国渔业法》《中华人民共和国进出境动植物检疫法》《中华人民共和国农业推广法》《中华人民共和国农产品质量安全法》《中华人民共和国动物防疫法》《中华人民共和国生物安全法》为核心，《重大动物疫情应急条例》《兽药管理条例》《动物防疫条件审查办法》等行政法规、部门规章，以及地方性法规和规范性文件为补充的法律法规体系框架（表5）。

表5　国家水生动物防疫法律法规及规范性文件

分类		名称	施行日期	主要内容
法律法规	法律	中华人民共和国渔业法	1986年7月1日（2013年12月28日修正）	包括总则、养殖业、捕捞业、渔业资源的增殖和保护、法律责任及附则。明确了县级以上人民政府渔业行政主管部门应当加强对养殖生产的技术指导和病害防治工作。同时明确水产苗种的进口、出口必须实施检疫，防止病害传入境内和传出境外。
		中华人民共和国进出境动植物检疫法	1992年4月1日（2009年8月27日修正）	包括总则、进境检疫、出境检疫、过境检疫、携带邮寄物检疫、运输工具检疫、法律责任及附则。明确了国务院设立动植物检疫机关，统一管理全国进出境动植物检疫工作。贸易性动物产品出境的检疫机关，由国务院根据实际情况规定。国务院农业行政主管部门主管全国进出境动植物检疫工作。
		中华人民共和国农业技术推广法	1993年7月2日（2012年8月31日修正）	包括总则、农业技术推广体系、农业技术的推广与应用、农业技术推广的保障措施、法律责任及附则。明确了各级国家农业技术推广机构属于公共服务机构，植物病虫害、动物疫病及农业灾害的监测、预报和预防是各级国家农业技术推广机构的公益性职责。

（续）

分类		名称	施行日期	主要内容
法律法规	法律	中华人民共和国农产品质量安全法	2006年11月1日（2018年10月26日修正）	包括总则、农产品质量安全标准、农产品产地、农产品生产、农产品包装和标识、监督检查、法律责任及附则。明确了县级以上人民政府农业行政主管部门应当采取措施，推进保障农产品质量安全的标准化生产综合示范区、示范农场、养殖小区和无规定动植物疫病区的建设。同时，明确了农产品生产企业和农民专业合作经济组织应当建立农产品生产记录，如实记载动物疫病、植物病虫草害的发生和防治情况，依法需要实施检疫的动植物及其产品，应当附具检疫合格标志、检疫合格证明。
		中华人民共和国动物防疫法	2008年1月1日（2021年1月22日第二次修订）	包括总则、动物疫病的预防、动物疫情的报告、通报和公布、动物疫病的控制、动物和动物产品的检疫、病死动物和病害动物产品的无害化处理、动物诊疗、兽医管理、监督管理、保障措施、法律责任及附则。明确了国务院农业农村主管部门主管全国的动物防疫工作，县级以上地方人民政府农业农村主管部门主管本行政区域的动物防疫工作。县级以上人民政府其他有关部门在各自职责范围内做好动物防疫工作。军队动物卫生监督职能部门负责军队现役动物和饲养自用动物的防疫工作。
		中华人民共和国生物安全法	2021年4月15日	包括总则、生物安全风险防控体制、防控重大新发突发传染病、动植物疫情、生物技术研究、开发与应用安全、病原微生物实验室生物安全、人类遗传资源与生物资源安全、防范生物恐怖与生物武器威胁、生物安全能力建设、法律责任及附则。明确了疾病预防控制机构、动物疫病预防控制机构、植物病虫害预防控制机构应当对传染病、动植物疫病和列入监测范围的不明原因疾病开展主动监测，收集、分析、报告监测信息，预测新发突发传染病、动植物疫病的发生、流行趋势。
	国务院法规及规范性文件	兽药管理条例	2004年11月1日（2020年3月27日修订）	包括总则、新兽药研制、兽药生产、兽药经营、兽药进出口、兽药使用、兽药监督管理、法律责任及附则。明确了水产养殖中的兽药使用、兽药残留检测和监督管理以及水产养殖过程中违法用药的行政处罚，由县级以上人民政府渔业主管部门及其所属的渔政监督管理机构负责。
		病原微生物实验室生物安全管理条例	2004年11月12日（2018年4月4日修订）	包括总则、病原微生物的分类和管理、实验室的设立与管理、实验室感染控制、监督管理、法律责任及附则。明确了国务院兽医主管部门主管与动物有关的实验室及其实验活动的生物安全监督工作。

（续）

分类		名称	施行日期	主要内容
法律法规	国务院法规及规范性文件	重大动物疫情应急条例	2005年11月18日（2017年10月7日修订）	包括总则、重大动物疫情的应急准备、重大动物疫情的监测、报告和公布、重大动物疫情的应急处理、法律责任及附则。明确了重大动物疫情应急工作按照属地管理的原则，实行政府统一领导、部门分工负责，逐级建立责任制。县级以上人民政府兽医主管部门具体负责组织重大动物疫情的监测、调查、控制、扑灭等应急工作。县级以上人民政府林业主管部门、兽医主管部门按照职责分工，加强对陆生、野生动物疫源疫病的监测。县级以上人民政府其他有关部门在各自的职责范围内，做好重大动物疫情的应急工作。
		《国务院关于推进兽医管理体制改革的若干意见》（国发〔2005〕15号）	2005年05月14日	明确了兽医管理体制改革的必要性和紧迫性、兽医管理体制改革的指导思想和目标、建立健全兽医工作体系、加强兽医队伍和工作能力建设、建立完善兽医工作的公共财经保障机制、抓紧完善兽医管理工作的法律法规体系、加强对兽医管理体制改革的组织领导七方面内容。
部门规章和规范性文件	应急管理	水生动物疫病应急预案（农办发〔2005〕11号）	2005年7月21日	包括总则、水生动物疫病应急组织体系、预防和预警机制、应急响应、后期处置、保障措施、附则及附录。明确了水生动物疫病预防与控制实行属地化、依法管理的原则。县级以上地方人民政府渔业行政主管部门对辖区内的水生动物疫病防治工作负主要责任，经所在地人民政府授权，可以指挥、调度水生动物疫病控制物质储备资源，组织开展相关工作；严格执行国家有关法律法规，依法对疫病预防、疫情报告和控制等工作实施监管。
	疫病预防与报告	动物防疫条件审查办法	2010年5月1日	包括总则、饲养场和养殖小区动物防疫条件、屠宰加工场所动物防疫条件、隔离场所动物防疫条件、无害化处理场所动物防疫条件、集贸市场动物防疫条件、审查发证、监督管理、罚则及附则。明确了国务院农业部门主管全国动物防疫条件审查和监督管理工作，县级以上地方人民政府兽医主管部门主管本行政区域内的动物防疫条件审查和监督管理工作，县级以上地方人民政府设立的动物卫生监督机构负责本行政区域内的动物防疫条件监督执法工作。
		无规定动物疫病区评估管理办法	2017年5月27日	包括总则、无规定动物疫病区的评估申请、无规定动物疫病区评估、无规定动物疫病区公布及附则。明确了国务院农业部门负责无规定动物疫病区评估管理工作，制定发布了《无规定动物疫病区管理技术规范》和无规定动物疫病区评审细则。

（续）

分类		名称	施行日期	主要内容
部门规章和规范性文件	疫病预防与报告	关于印发《水生动物防疫工作实施意见》（试行）通知（国渔养〔2000〕16号）	2000年10月18日	明确了水生动物防疫工作的指导思想；水生动物防疫机构的设置和职责；水生动物防疫工作的对象；水生动物检疫标准及检测技术；水生动物防疫监测、报告和汇总分析；水生动物设病划区管理；地区间引种的风险分析；水生动物防疫技术保障体系建设；水生动物防疫应急计划；水生动物防疫执法人员资格考核和管理；水生动物防疫证章管理；水生动物防疫的收费问题等十二个方面内容。
		一、二、三类动物疫病病种名录（农业农村部公告第573号）	2022年6月23日	包括水生动物疫病36种。其中，二类疫病14种，三类疫病22种。
		中华人民共和国进境动物检疫疫病名录（农业农村部、海关总署公告第256号）	2020年7月3日	包括水生动物疫病43种，均被列为进境检疫二类疫病。
		农业农村部关于做好动物疫情报告等有关工作的通知（农医发〔2018〕22号）	2018年6月15日	明确了动物疫情报告、通报和公布等工作的职责分工。规范了疫情报告、疫病确诊与疫情认定、疫情通报与公布、疫情举报和核查等工作的相关事项。
		《水产苗种管理办法》	2005年4月1日	包括总则、种质资源保护和品种选育、生产经营管理、进出口管理及附则。明确了县级以上地方人民政府渔业行政主管部门应当加强对水产苗种的产地检疫。
		关于印发《病死及死因不明动物处置办法（试行）》的通知（农医发〔2005〕25号）	2005年10月21日	规定了病死及死因不明动物的处置办法，适用于饲养、运输、屠宰、加工、贮存、销售及诊疗等环节发现的病死及死因不明动物的报告、诊断及处置工作。
		病死畜禽和病害畜禽产品无害化处理管理办法	2022年7月1日	本办法规定了病死畜禽和病害畜禽产品的收集、无害化处理、监督管理和法律责任等。病死水产养殖动物和病害水产养殖动物产品的无害化处理，参照本办法执行。
	兽药管理	三类动物疫病防治规范（农牧发〔2022〕19号）	2022年6月23日	本规范所指三类动物疫病是《一、二、三类动物疫病病种名录》（农业农村部公告第573号发布）中所列的三类动物疫病。本规范规定了三类动物疫病的预防、疫情报告及疫病诊治要求。
		兽药进口管理办法	2007年7月31日（2019年4月25日第一次修订，2022年1月7日第二次修订）	包括总则、兽药进口申请、进口兽药经营、监督管理及附则。明确了农业农村部负责全国进口兽药的监督管理工作，县级以上地方人民政府兽医主管部门负责本行政区域内进口兽药的监督管理工作。

（续）

分类		名称	施行日期	主要内容
部门规章和规范性文件	兽药管理	新兽药研制管理办法	2005年11月1日（2019年4月25日修订）	包括总则、临床前研究管理、临床试验审批、监督管理、罚则及附则。明确了国务院农业部门负责全国新兽药研制管理工作。
		兽药产品批准文号管理办法	2015年12月3日（2019年4月25日第一次修订，2022年1月7日第二次修订）	包括总则、兽药产品批准文号的申请和核发、兽药现场核查和抽样、监督管理、附则。明确了农业农村部负责全国兽药产品批准文号的核发和监督管理工作。
		兽用生物制品经营管理办法	2021年5月15日	在中华人民共和国境内从事兽用生物制品的分发、经营和监督管理，应当遵守本办法。明确了农业农村部负责全国兽用生物制品的监督管理工作。
		兽药注册评审工作程序	2021年4月15日	包括职责分工、评审工作方式、一般评审工作流程和要求、暂停评审计时。明确了农业农村部畜牧兽医局主管全国兽药注册评审工作。
		农业农村部办公厅关于进一步做好新版兽药GMP实施工作的通知	2021年9月14日	明确了兽药生产许可管理和兽药GMP检查验收的总体要求、厂区（厂房）布局要求、车间布局要求、设施设备要求、验证与记录要求等五方面事项。
	检疫监督管理	动物检疫管理办法	2010年3月1日（2019年4月25日修订）	包括总则、检疫申报、产地检疫、屠宰检疫、水产检疫、动物检疫、检疫审批、检疫监督、罚则及附则。明确了水产苗种产地检疫，由地方动物卫生监督机构委托同级渔业主管部门实施。水产苗种以外的其他水生动物及其产品不实施检疫。
		农业部关于印发《鱼类产地检疫规程（试行）》等3个规程的通知（农渔发〔2011〕6号）	2011年3月17日	规定了鱼类、甲壳类和贝类产地检疫的检疫对象、检疫范围、检疫合格标准、检疫程序、检疫结果处理和检疫记录。适用于中华人民共和国境内鱼类、甲壳类和贝类的产地检疫。
		出境水生动物检验检疫监督管理办法	2007年8月31日（2018年4月28日修订）	包括总则、注册登记、检验检疫、监督管理、法律责任及附则。明确了海关总署主管全国出境水生动物的检验检疫和监督管理工作。
		进境动物和动物产品风险分析管理规定	2003年2月1日（2018年4月28日修订）	包括总则、进境动物、动物产品、动物遗传物质、动物源性饲料、生物制品和动物病理材料的危害因素确定、风险评估、风险管理、风险交流及附则。明确了海关总署统一管理进境动物、动物产品风险分析工作。
		中华人民共和国禁止携带、寄递进境的动植物及其产品和其他检疫物名录	2021年10月20日	禁止携带、寄递进境的动植物及其产品和其他检疫物名录包括：鱼类、甲壳类、两栖类、爬行类在内的活动物及动物遗传物质；水生动物产品（干制，熟制，发酵后制成的食用酱汁类水生动物产品除外）。

（续）

分类		名称	施行日期	主要内容
部门规章和规范性文件	实验室与动物诊疗机构管理	高致病性动物病原微生物实验室生物安全管理审批办法	2005年5月20日（2016年5月30日修订）	包括总则、实验室资格审批、实验活动审批、运输审批及附则。明确了国务院农业部门主管高致病性动物病原微生物实验室生物安全管理，县级以上人民政府兽医行政管理部门负责本行政区域内高致病性动物病原微生物实验室生物安全管理工作。
		动物病原微生物分类名录（农业部令2005年第53号）	2005年5月24日	包含水生动物病原微生物22种，均属三类病原微生物。
		农业部关于进一步规范高致病性动物病原微生物实验活动审批工作的通知（农医发〔2008〕27号）	2008年12月12日	明确了高致病动物病原微生物实验活动审批条件、规范高致病性动物病原微生物实验活动审批程序、加强高致病性动物病原微生物实验活动监督管理等三方面内容。
		动物病原微生物菌（毒）种保藏管理办法	2009年1月1日（2016年5月30日第一次修订，2022年1月7日第二次修订）	包括总则、保藏机构、菌（毒）种和样本的收集、菌（毒）种和样本的保藏及供应、菌（毒）种和样本的销毁、菌（毒）种和样本的对外交流、罚则及附则。明确了农业农村部主管全国菌（毒）种和样本保藏管理工作，县级以上地方人民政府畜牧兽医主管部门负责本行政区域内的菌（毒）种和样本保藏监督管理工作。
		检验检测机构资质认定管理办法	2015年8月1日发布实施，2021年4月2日修改	包括总则、资质认定条件和程序、技术评审管理、检验检测机构从业规范、监督管理、法律责任及罚则。国家市场监督管理总局主管全国检验检测机构资质认定工作，并负责检验检测机构资质认定的统一管理、组织实施、综合协调工作。
		关于印发《国家兽医参考实验室管理办法》的通知（农医发〔2005〕5号）	2005年2月25日	规定了国家兽医参考实验室的职责。明确了国家兽医参考实验室由国务院农业部门指定，并对外公布。
		兽医系统实验室考核管理办法	2010年1月1日	规定了兽医系统实验室考核管理制度。明确了考核承担部门及兽医实验室应当具备的条件。
	执业兽医与乡村兽医管理	执业兽医管理办法	2009年1月1日（2013年12月31日修订）	包括总则、执业兽医资格考试、执业注册和备案、执业活动管理、罚则及附则。明确了国务院农业部门主管全国执业兽医管理工作，县级以上地方人民政府兽医主管部门主管本行政区域内的执业兽医管理工作，县级以上地方人民政府设立的动物卫生监督机构负责执业兽医的监督执法工作。

（续）

分类		名称	施行日期	主要内容
部门规章和规范性文件	健康养殖	《关于加快推进水产养殖业绿色发展的若干意见》（农渔发〔2019〕1号）	2019年1月11日	强调了要加强疫病防控。具体落实全国动植物保护能力提升工程，健全水生动物疫病防控体系，加强监测预警和风险评估，强化水生动物疫病净化和突发疫情处置，提高重大疫病防控和应急处置能力。完善渔业官方兽医队伍，全面实施水产苗种产地检疫和监督执法，推进无规定疫病水产苗种场建设。加强渔业乡村兽医备案和指导，壮大渔业执业兽医队伍。科学规范水产养殖用疫苗审批流程，支持水产养殖用疫苗推广。实施病死养殖水生动物无害化处理。

二、地方水生动物防疫相关法规体系

目前，全国已有19个省（自治区、直辖市）出台了地方《动物防疫条例》，28个省（自治区、直辖市）以及新疆生产建设兵团、青岛市（计划单列市）出台了水生动物防疫相关办法或相关规范性文件等，对国家相关法律法规进行了补充（表6）。

表6　地方水生动物防疫相关法规及规范性文件

省份	名称	施行日期
北京	北京市动物防疫条例	2014年10月1日
	北京市实施《中华人民共和国渔业法》办法	2007年9月1日
天津	天津市动物防疫条例	2002年2月1日（2004年12月21日第一次修订，2010年9月25日第二次修订，2021年7月30日第三次修订）
	天津市渔业管理条例	2004年1月1日（2005年9月7日第一次修订，2018年12月14日第二次修订）
河北	河北省动物防疫条例	2002年12月1日
	河北省水产苗种管理办法	2011年10月9日
山西	山西省动物防疫条例	1999年8月16日（2017年9月29日第一次修订，2018年1月1日第二次修订）
内蒙古	内蒙古自治区动物防疫条例	2014年12月1日
辽宁	辽宁省水产苗种管理条例	2006年1月1日
	辽宁省水产苗种检疫实施办法	2006年4月1日
	辽宁省无规定动物疫病区管理办法	2003年9月8日（2011年2月20日第一次修订）

（续）

省份	名称	施行日期
吉林	吉林省水利厅关于印发《吉林省水生动物防疫工作实施细则》（试行）的通知	2001年11月14日
	吉林省渔业管理条例	2005年12月1日
	吉林省无规定动物疫病区建设管理条例	2011年8月1日
黑龙江	黑龙江省动物防疫条例	2001年3月1日（2017年1月1日修订）
上海	上海市动物防疫条例	2006年3月1日（2010年5月27日修订）
江苏	江苏省动物防疫条例	2013年3月1日
	江苏省水产种苗管理规定	1999年05月31日（2006年11月20日修订）
浙江	浙江省动物防疫条例	2011年3月1日
	浙江省水产苗种管理办法	2001年4月25日
	关于水生动物检疫有关问题的通知	2011年5月19日
	关于做好渔业官方兽医资格确认工作的通知	浙农渔发〔2020〕10号
	关于印发《浙江省水产苗种产地检疫暂行办法》的通知	浙农渔发〔2021〕3号
安徽	《关于做好2017年度新增、变更、注销、撤销官方兽医及首批渔业官方兽医工作的通知》（皖农办牧〔2018〕39号）	2018年4月11日
福建	福建省实施《中华人民共和国渔业法》办法	1998年3月10日（2007年3月28日第一次修订，2019年11月27日第6次修订）
	福建省重要水生动物苗种和亲体管理条例	1998年9月25日（2010年7月30日修订）
	福建省动物防疫和动物产品安全管理办法	2002年01月15日
	福建省海洋与渔业厅突发水生动物疫情应急预案	2012年12月5日
	福建省水产苗种产地检疫暂行办法	2020年12月15日
江西	江西动物防疫条例	2013年5月1日
	江西省渔业条例	2012年5月25日（2013年11月29日第一次修订，2019年9月28日第二次修订）
	江西省水产种苗管理条例	1998年8月21日（2010年9月17日第一次修订，2018年5月31日第二次修订，2019年9月28日第三次修订）
山东	山东省海洋与渔业厅关于印发《山东省水产苗种产地检疫试行办法》的通知（鲁海渔〔2018〕193号）	2018年10月13日
	山东省农业农村厅关于印发《山东省水生动物疫病应急预案》的通知（鲁农渔字〔2020〕72号）	2020年11月3日

（续）

省份	名称	施行日期
湖北	湖北省水产苗种产地检疫工作方案	2019年5月22日
	湖北省水产苗种管理办法	2008年6月10日
	湖北省动物防疫条例	2011年10月1日（2021年11月26日修订）
湖南	湖南省水产苗种管理办法	2003年8月1日
广东	关于切实做好水产苗种产地检疫工作的通知	粤海渔函〔2011〕744号
	关于做好水产苗种产地检疫委托事宜的通知	2011年8月30日
	广东省水产品质量安全管理条例	2017年9月1日
	广东省动物防疫条例	2002年1月1日（2016年12月1日第一次修订，2021年12月1日第二次修订）
	关于加强水产苗种产地检疫工作的通知	2021年6月1日
	关于完善水产苗种产地检疫出证有关事项的通知	2021年7月6日
广西	广西壮族自治区水产畜牧兽医局关于进一步加强全区水产苗种产地检疫工作的通知	2013年4月28日
	广西壮族自治区水产苗种管理办法	1994年12月15日（1997年12月25日第一次修订，2004年6月29日第二次修订，2018年8月9日第三次修订）
	广西壮族自治区动物防疫条例	2013年1月1日
海南	海南省无规定动物疫病区管理条例	2007年3月1日
重庆	重庆市动物防疫条例	2013年10月1日
四川	四川省水利厅关于印发《四川省水生动物防疫检疫工作实施意见》的通知	2002年11月6日
	四川省水产种苗管理办法	2002年1月1日
	四川省无规定动物疫病区管理办法	2012年3月1日
贵州	贵州省动物防疫条例	2005年1月1日（2018年1月1日修订）
云南	云南省动物防疫条例	2003年9月1日
	云南省水产苗种产地检疫办法（试行）	2019年12月08日
陕西	陕西省水产种苗管理办法	2001年7月14日（2014年3月1日修订）
甘肃	甘肃省动物防疫条例	2014年1月1日
青海	青海省动物防疫条例	2017年3月1日
	关于印发青海省鲑鳟鱼传染性造血器官坏死病疫情应急处置规范的通知（青农渔〔2019〕159号）	2019年6月12日
	青海省农牧厅关于加强水产苗种引进和检疫工作的通知	2013年12月2日

（续）

省份	名称	施行日期
宁夏	宁夏回族自治区动物防疫条例	2003年6月1日（2012年8月1日修订）
	宁夏回族自治区无规定动物疫病区管理办法	2014年3月1日
新疆	新疆维吾尔自治区水生动物防疫检疫办法	2013年3月1日
青岛	青岛市水产苗种管理办法（青岛市人民政府令第159号）	2003年11月1日
	青岛市海洋渔业管理条例	2004年3月1日（2010年10月29日第一次修订，2020年1月14日第二次修订）
	关于印发《青岛市水生动物疫病应急预案》的通知（青海发〔2020〕20号）	2020年7月30日

附　　录

附录1　2021年获得奖励的部分水生动物防疫技术成果科技奖励

序号	项目名称	奖励等级
1	淡水池塘绿色养殖关键技术研发与应用	2021年度中国商业联合会科学技术奖,科技进步类一等奖
2	优质淡水观赏鱼绿色高效繁养技术研发及产业化应用	2021年度神农中华农业科技奖,三等奖
3	重要水生动物疫病检测技术标准创制及应用	中国检验检测学会科学技术奖,特等奖
4	海水鱼虾重要疾病免疫学现场检测诊断技术研发与应用	2021年度山东省科技进步一等奖
5	淡水鱼类嗜水气单胞菌败血症免疫防控技术关键及产业化应用	2021年度广东省科技进步二等奖
6	江苏水产养殖病害测报及防控技术研究与应用	2021年度江苏省农学会科技奖,三等奖
7	甘肃水产养殖病害监测与综合防控技术示范与推广	2021年度甘肃省科技进步三等奖
8	冷水鱼养殖生物安全管理技术规范	2021年度青海省科学技术成果奖
9	池塘标准化健康养殖技术	2018—2020年度吉林省农业技术推广奖,二等奖
10	池塘养殖精准用药技术	2018—2020年度吉林省农业技术推广奖,三等奖
11	养殖鱼类免疫制剂的研发与应用示范	2021年度中国水产科学研究院科技进步三等奖
12	紫菜健康栽培与延伸养殖核心技术研发与应用	2021年度宁波市科技进步三等奖
13	重大外来与新发水生动物疫病识别、检测与监测技术研究及示范	2021年度海关科技成果评定三等奖

附录2 《全国动植物保护能力提升工程建设规划（2017—2025年）》启动情况（截至2021年年底）

（1）水生动物疫病监测预警能力建设项目进展情况

序号	项目名称	建设性质	项目建设进展情况
（一）国家级项目（规划2个）			
1	国家流行病学中心建设项目	新建	筹备中
2	国家水生动物疫病监测参考物质中心建设项目	新建	已完成
（二）省级项目（规划29个）			
1	天津市水生动物疫病监控中心建设项目	新建	已完成（待验收）
2	河北省水生动物疫病监控中心建设项目	续建	已启动
3	山西省水生动物疫病监控中心建设项目	新建	已启动
4	内蒙古自治区水生动物疫病监控中心建设项目	新建	已完成
5	辽宁省水生动物疫病监控中心建设项目	续建	已完成
6	吉林省水生动物疫病监控中心建设项目	新建	已完成
7	黑龙江省水生动物疫病监控中心建设项目	新建	已启动
8	上海市水生动物疫病监控中心建设项目	新建	已完成
9	浙江省水生动物疫病监控中心建设项目	续建	已完成
10	安徽省水生动物疫病监控中心建设项目	续建	已启动
11	福建省水生动物疫病监控中心建设项目	续建	已启动
12	江西省水生动物疫病监控中心建设项目	续建	已完成（待验收）
13	山东省水生动物疫病监控中心建设项目	续建	已列入2022年投资计划
14	河南省水生动物疫病监控中心建设项目	新建	已完成
15	湖北省水生动物疫病监控中心建设项目	续建	已启动
16	湖南省水生动物疫病监控中心建设项目	续建	已启动
17	广东省水生动物疫病监控中心建设项目	新建	筹备中
18	广西壮族自治区水生动物疫病监控中心建设项目	续建	筹备中
19	海南省水生动物疫病监控中心建设项目	续建	已启动
20	重庆市水生动物疫病监控中心建设项目	新建	已完成
21	四川省水生动物疫病监控中心建设项目	续建	筹备中
22	贵州省水生动物疫病监控中心建设项目	新建	已启动
23	云南省水生动物疫病监控中心建设项目	新建	已完成（待验收）
24	陕西省水生动物疫病监控中心建设项目	新建	已启动
25	甘肃省水生动物疫病监控中心建设项目	新建	已完成（待验收）

（续）

序号	项目名称	建设性质	项目建设进展情况
26	青海省水生动物疫病监控中心建设项目	新建	已启动
27	宁夏回族自治区水生动物疫病监控中心建设项目	新建	已完成
28	新疆维吾尔自治区水生动物疫病监控中心建设项目	新建	已启动
29	新疆生产建设兵团水生动物疫病监控中心建设项目	新建	筹备中

（三）区域项目（规划46个，其中河北2个、辽宁4个、江苏4个、浙江4个、安徽3个、福建4个、江西3个、山东4个、河南2个、湖北4个、湖南3个、广东4个、广西3个、四川2个）

序号	项目名称	建设性质	项目建设进展情况
1	唐山市水生动物疫病监控中心建设项目	新建	已完成
2	张家口市水生动物疫病监控中心建设项目	新建	已列入2022年投资计划
3	锦州市水生动物疫病监控中心建设项目	新建	已完成（待验收）
4	沈阳市水生动物疫病监控中心建设项目	新建	已启动
5	盘锦市水生动物疫病监控中心建设项目	新建	已完成（待验收）
6	连云港市水生动物疫病监控中心建设项目	新建	已完成
7	合肥市水生动物疫病监控中心建设项目	新建	已列入2022年投资计划
8	淮南市水生动物疫病监控中心建设项目	新建	已列入2022年投资计划
9	福州市水生动物疫病监控中心建设项目	新建	已启动
10	九江市水生动物疫病监控中心建设项目	新建	已完成
11	南昌市水生动物疫病监控中心建设项目	新建	已列入2022年投资计划
12	赣州市水生动物疫病监控中心建设项目	新建	已列入2022年投资计划
13	东营市水生动物疫病监控中心建设项目	新建	已完成（待验收）
14	滨州市水生动物疫病监控中心建设项目	新建	已完成（待验收）
15	烟台市水生动物疫病监控中心建设项目	新建	已启动
16	济宁市水生动物疫病监控中心建设项目	新建	已启动
17	信阳市水生动物疫病监控中心建设项目	新建	已完成
18	开封市水生动物疫病监控中心建设项目	新建	已启动
19	黄冈市水生动物疫病监控中心建设项目	新建	已完成
20	武汉市水生动物疫病监控中心建设项目	新建	已启动
21	黄石市水生动物疫病监控中心建设项目	新建	已启动
22	宜昌市水生动物疫病监控中心建设项目	新建	已启动
23	常德市水生动物疫病监控中心建设项目	新建	已完成（待验收）
24	岳阳市水生动物疫病监控中心建设项目	新建	已启动
25	衡阳市水生动物疫病监控中心建设项目	新建	已启动
26	佛山市水生动物疫病监控中心建设项目	新建	已列入2022年投资计划
27	柳州市水生动物疫病监控中心建设项目	新建	已完成（待验收）
28	梧州市水生动物疫病监控中心建设项目	新建	已启动
29	钦州市水生动物疫病监控中心建设项目	新建	已启动
30	广元市水生动物疫病监控中心建设项目	新建	已完成
31	内江市水生动物疫病监控中心建设项目	新建	已启动

（续）

序号	项目名称	建设性质	项目建设进展情况
32	大连市水生动物疫病监控中心建设项目	新建	已完成
33	宁波市水生动物疫病监控中心建设项目	新建	已完成

（2）水生动物防疫技术支撑能力建设项目进展情况

序号	项目名称	依托单位	项目建设进展情况
（一）水生动物疫病综合实验室建设项目（规划5个）			
1	水生动物疫病综合实验室建设项目	江苏省水生动物疫病预防控制中心（江苏省渔业技术推广中心）	已完成
2	水生动物疫病综合实验室建设项目	中国水产科学研究院长江水产研究所	已完成
3	水生动物疫病综合实验室建设项目	中国水产科学研究院珠江水产研究所	已完成
4	水生动物疫病综合实验室建设项目	中国水产科学研究院黄海水产研究所	已列入2022年投资计划
5	水生动物疫病综合实验室建设项目	福建省淡水水产研究所	已列入2022年投资计划
（二）水生动物疫病专业实验室建设项目（规划12个）			
1	水生动物疫病专业实验室建设项目	浙江省淡水水产研究所	已完成
2	水生动物疫病专业实验室建设项目	中国水产科学研究院南海水产研究所	已完成（待验收）
3	水生动物疫病专业实验室建设项目	中国水产科学研究院淡水渔业研究中心	已启动
4	水生动物疫病专业实验室建设项目	中国水产科学研究院东海水产研究所	已启动
5	水生动物疫病专业实验室建设项目	中国水产科学研究院黑龙江水产研究所	已列入2022年投资计划
6	水生动物疫病专业实验室建设项目	天津市水生动物疫病预防控制机构	已启动
7	水生动物疫病专业实验室建设项目	广东省水生动物疫病预防控制机构	筹备中
8	水生动物疫病专业实验室建设项目	中山大学	筹备中
9	水生动物疫病专业实验室建设项目	中国海洋大学	筹备中
10	水生动物疫病专业实验室建设项目	华中农业大学	已列入2022年投资计划
11	水生动物疫病专业实验室建设项目	华东理工大学	已启动
12	水生动物疫病专业实验室建设项目	上海海洋大学	筹备中
（三）水生动物疫病综合试验基地建设项目（规划3个）			
1	水生动物疫病综合试验基地建设项目	中国水产科学研究院黄海水产研究所	筹备中
2	水生动物疫病综合试验基地建设项目	中国水产科学研究院长江水产研究所	筹备中
3	水生动物疫病综合试验基地建设项目	中国水产科学研究院珠江水产研究所	筹备中
（四）水生动物疫病专业试验基地建设项目（规划4个）			
1	水生动物疫病专业试验基地建设项目	中国水产科学研究院东海水产研究所	已完成
2	水生动物疫病专业试验基地建设项目	中国水产科学研究院南海水产研究所	筹备中
3	水生动物疫病专业试验基地建设项目	中国水产科学研究院淡水渔业研究中心	已列入2022年投资计划
4	水生动物疫病专业试验基地建设项目	中国水产科学研究院黑龙江水产研究所	筹备中
（五）水生动物外来疫病分中心建设项目（规划1个）			
1	水生动物外来疫病分中心建设项目	中国水产科学研究院黄海水产研究所	筹备中

附录3　2021年发布水生动物防疫相关标准

（1）国家标准		
序号	标准名称	标准号
1	桃拉综合征诊断规程 RT-PCR 检测法	GB/T 40257—2021
2	斑节对虾杆状病毒病诊断规程 PCR 检测法	GB/T 40249—2021
3	对虾肝胰腺细小病毒病诊断规程 PCR 检测方法	GB/T 40255—2021
4	牡蛎马尔太虫病诊断规程 显微镜检查组织法	GB/T 40256—2021
5	牡蛎小胞虫病诊断规程 显微镜检查组织法	GB/T 40253—2021
6	牡蛎单孢子虫病诊断规程 原位杂交法	GB/T 40251—2021
7	蛙病毒感染检疫技术规范	GB/T 39920—2021
8	水生动物病原 DNA 检测参考物质制备和质量控制规范　质粒	GB/T 41185—2021
（2）行业标准		
序号	标准名称	标准号
9	流行性造血器官坏死病（EHN）诊断规程	SC/T 7215—2021
10	水生动物疾病术语与命名规则 第1部分：水生动物疾病术语	SC/T 7011.1—2021
11	水生动物疾病术语与命名规则 第2部分：水生动物疾病命名规则	SC/T 7011.2—2021
12	草鱼出血病监测技术规范	SC/T 7023—2021
13	罗非鱼湖病毒病监测技术规范	SC/T 7024—2021
（3）地方标准			
序号	省份	标准名称	代号
14	北京	养殖鱼类疫病防控技术规范	DB11/T 346—2021
15		水生动物疫病检测实验室管理规范	DB11/T 374—2021
16	吉林	淡水鱼肠道常见致病菌分离与纯化技术规程	DB22/T 3298—2021

附录4　全国省级（含计划单列市）水生动物疫病预防控制机构状况（截至2022年2月）

序号	省（区、市）	机构名称	备注
1	北京	北京市水产技术推广站（北京市鱼病防治站）	在北京市水产技术推广站加挂牌子
2	天津	天津市动物疫病预防控制中心	具有水生动物疫病预防控制机构职能
3	河北	河北省水产技术推广总站（河北省水生动物疫病监控中心、河北省水产品质量检验监测站）	在河北省水产技术推广总站加挂牌子
4	山西	山西省水产技术推广服务中心	具有水生动物疫病预防控制机构职能
5	内蒙古	内蒙古自治区农牧业技术推广中心	具有水生动物疫病预防控制机构职能
6	辽宁	辽宁省水产技术推广站	共同承担辖区内水生动物疫病预防控制机构职责
		辽宁省现代农业生产基地建设工程中心	
7	吉林	吉林省水生动物防疫检疫与病害防治中心	在吉林省水产技术推广总站加挂牌子
8	黑龙江	黑龙江省渔业病害防治环境监测中心	在黑龙江水产技术推广总站加挂牌子
9	上海	上海市水产研究所（上海市水产技术推广站）	具有水生动物疫病预防控制机构职能
10	江苏	江苏省渔业技术推广中心（省渔业生态环境监测站、省水生动物疫病预防控制中心、省水产品质量安全中心）	在江苏省渔业技术推广中心加挂牌子
11	浙江	浙江省渔业检验检测与疫病防控中心	在浙江省水产技术推广总站加挂牌子
12	安徽	安徽省水产技术推广总站	具有水生动物疫病预防控制机构职能
13	福建	福建省水生动物疫病预防控制中心	在福建省水产技术推广总站加挂牌子
14	江西	江西省农业技术推广中心	具有水生动物疫病预防控制机构职能
15	山东	山东省渔业发展和资源养护总站	共同承担辖区内水生动物疫病预防控制机构职责
		山东省海洋科学研究院	
		山东省淡水渔业研究院	
16	河南	河南省水产技术推广站（河南省渔业检测中心）	具有水生动物疫病预防控制机构职能
17	湖北	湖北省鱼类病害防治及预测预报中心	在湖北省水产科学研究所加挂牌子
18	湖南	湖南省水生动物防疫检疫站	湖南省畜牧水产事务中心内设机构，并加挂牌子
19	广东	广东省动物疫病预防控制中心	具有水生动物疫病预防控制机构职能
20	广西	广西壮族自治区渔业病害防治环境监测和质量检验中心	共同承担辖区内水生动物疫病预防控制机构职责
		广西壮族自治区水产技术推广站	
21	海南	海南省水产品质量安全检测中心	在海南省水产技术推广站加挂牌子
22	重庆	重庆市水生动物疫病预防控制中心	在重庆市水产技术推广总站加挂牌子

（续）

序号	省 （区、市）	机构名称	备注
23	四川	四川省水产局	具有水生动物疫病预防控制机构职能
24	贵州	贵州省水产技术推广站	具有水生动物疫病预防控制机构职能
25	云南	云南省渔业科学研究院	具有水生动物疫病预防控制机构职能
26	陕西	陕西省水生动物防疫检疫中心（陕西省水产养殖病害防治中心）	在陕西省水产研究与技术推广总站加挂牌子
27	甘肃	甘肃省水生动物疫病预防控制中心	在甘肃省渔业技术推广总站加挂牌子
28	青海	青海省水生动物疫病防控中心	在青海省渔业技术推广中心加挂牌子
29	宁夏	宁夏回族自治区鱼病防治中心	在宁夏回族自治区水产技术推广站加挂牌子
30	新疆	新疆维吾尔自治区渔业病害防治中心	新疆维吾尔自治区水产技术推广总站加挂牌子
31	新疆生产建设兵团	新疆生产建设兵团渔业病害防治检测中心	在新疆生产建设兵团水产技术推广总站加挂牌子
32	大连	大连市水产技术推广总站（大连市水生动物疫病防控监测区域中心）	具有水生动物疫病预防控制机构职能
33	青岛	青岛市渔业技术推广站	具有水生动物疫病预防控制机构职能
34	宁波	宁波市水生动物防疫检疫中心	在宁波市海洋与渔业研究院（宁波市渔业技术推广总站）加挂牌子
35	厦门	厦门市海洋与渔业研究所	具有水生动物疫病预防控制机构职能
36	深圳	深圳市水生动物防疫检疫站	在深圳市渔业发展研究中心加挂牌子

附录5　全国地（市）、县（市）级水生动物疫病预防控制机构情况

序号	省份（区、市）	地（市）级		县（市）级	
		辖区内地（市）级疫控机构数量	其中建设水生动物防疫实验室数量	辖区内县（市）级疫控机构数量	其中建设水水生动物防疫实验室数量
1	北京	13	10	0	0
2	天津	12	12	0	0
3	河北	11	3	27	14
4	山西	2	0	2	0
5	内蒙古	12	0	6	6
6	辽宁	6	1	26	22
7	吉林	5	2	23	10
8	黑龙江	11	1	58	22
9	上海	9	2	0	0
10	江苏	13	1	70	46
11	浙江	11	11	46	46
12	安徽	0	0	0	0
13	福建	9	7	71	27
14	江西	1	1	37	37
15	山东	16	10	104	48
16	河南	18	1	20	20
17	湖北	9	5	46	46
18	湖南	1	2	2	37*
19	广东	21	14	88	72
20	广西	14	10	109	43
21	海南	3	2	10	1
22	重庆	0	0	25	15
23	四川	6	2	35	29
24	贵州	5	0	37	6
25	云南	0	0	13	13

（续）

序号	省份 （区、市）	地（市）级		县（市）级	
		辖区内地（市）级 疫控机构数量	其中建设水生动物 防疫实验室数量	辖区内县（市）级 疫控机构数量	其中建设水水生动 物防疫实验室数量
26	陕西	3	0	9	6
27	甘肃	0	0	0	0
28	青海	0	1	0	0
29	宁夏	0	0	9	9
30	新疆	1	0	3	3
31	新疆生产建设兵团	0	0	3	3
32	大连	1	1	6	6
33	青岛	0	0	7	5
34	宁波	0	0	0	0
35	厦门	1	1	0	0
36	深圳	0	0	1	1
合计		189	78	918	615

说明：*标注处实验室数大于机构数，是因为之前国家投资建设了实验室，但是目前机构已经不存在。

附录6　现代农业产业技术体系渔业领域首席科学家及病害岗位科学家名单

序号	体系名称	首席科学家		疾病防控研究室（病虫害防控研究室）		
				岗位名称	岗位科学家	
		姓名	工作单位		姓名	工作单位
1	大宗淡水鱼	戈贤平	中国水产科学研究院淡水渔业研究中心	病毒病防控	曾令兵	中国水产科学研究院长江水产研究所
				细菌病防控	石存斌	中国水产科学研究院珠江水产研究所
				寄生虫病防控	王桂堂	中国科学院水生生物研究所
				中草药渔药产品开发	谢骏	中国水产科学研究院淡水渔业研究中心
				渔药研发与临床应用	吕利群	上海海洋大学
				外来物种入侵防控	顾党恩	中国水产科学研究院珠江水产研究所
2	特色淡水鱼	杨弘	中国水产科学研究院淡水渔业研究中心	病毒病防控	翁少萍	中山大学
				细菌病防控	张永安	华中农业大学
				寄生虫病防控	顾泽茂	华中农业大学
				环境胁迫性疾病防控	李文笙	中山大学
				绿色药物研发与综合防控中心	聂品	中国科学院水生生物研究所
3	海水鱼	关长涛	中国水产科学研究院黄海水产研究所	病毒病防控	秦启伟	华南农业大学
				细菌病防控	王启要	华东理工大学
				寄生虫病防控	李安兴	中山大学
				环境胁迫性疾病与综合防控	陈新华	福建农林大学
4	虾蟹	何建国	中山大学	病毒病防控	杨丰	自然资源部第三海洋研究所
				细菌病防控	黄倢	中国水产科学研究院黄海水产研究所
				寄生虫病防控	陈启军	沈阳农业大学
				靶位与药物开发	李富花	中国科学院海洋研究所
				虾病害生态防控	何建国	中山大学
				蟹病害生态防控	郭志勋	中国水产科学研究院南海水产研究所

（续）

序号	体系名称	首席科学家		疾病防控研究室（病虫害防控研究室）			
		姓名	工作单位	岗位名称	岗位科学家		
					姓名	工作单位	
5	贝类	宋林生	大连海洋大学	病毒病防控	王崇明	中国水产科学研究院黄海水产研究所	
				细菌病防控	宋林生	大连海洋大学	
				寄生虫病防控	王江勇	中国水产科学研究院南海水产研究所	
				环境胁迫性疾病防控	李莉	中国科学院海洋研究所	
6	藻类	逄少军	中国科学院海洋研究所	病害防控	莫照兰	中国水产科学研究院黄海水产研究所	
				有害藻类综合防控	王广策	中国科学院海洋研究所	

附录7　第二届农业农村部水产养殖病害防治专家委员会名单

序号	姓名	性别	工作单位	职务／职称
主任委员				
1	李书民	男	农业农村部渔业渔政管理局	一级巡视员
副主任委员				
2	何建国	男	中山大学海洋科学学院	教授
3	战文斌	男	中国海洋大学水产学院	教授
顾问委员				
4	江育林	男	中国检验检疫科学研究院动物检疫研究所	研究员
5	陈昌福	男	华中农业大学水产学院	教授
6	张元兴	男	华东理工大学生物工程学院	教授
秘书长				
7	李　清	女	全国水产技术推广总站 中国水产学会	总工程师／研究员
委员（按姓名笔画排序）				
8	丁雪燕	女	浙江省水产技术推广总站	站长／推广研究员
9	王江勇	男	惠州学院	研究员
10	王启要	男	华东理工大学生物工程学院	副院长／教授
11	王桂堂	男	中国科学院水生生物研究所 、中国科学院大学	研究员
12	王崇明	男	中国水产科学研究院黄海水产研究所	研究员
13	石存斌	男	中国水产科学研究院珠江水产研究所	研究员
14	卢彤岩	女	中国水产科学研究院黑龙江水产研究所	研究员
15	冯守明	男	天津市动物疫病预防控制中心	副主任／正高工
16	吕利群	男	上海海洋大学水产与生命学院	教授
17	刘　荭	女	深圳海关动植物检验检疫技术中心	研究员
18	孙金生	男	天津师范大学生命科学学院	院长／研究员
19	李安兴	男	中山大学生命科学学院	教授
20	吴绍强	男	中国检验检疫科学研究院动物检疫研究所	副所长／研究员
21	沈锦玉	女	浙江省淡水水产研究所	研究员
22	宋林生	男	大连海洋大学	校长／研究员
23	张利峰	男	中国海关科学技术研究中心	研究员
24	陈　辉	男	江苏省渔业技术推广中心	副主任／研究员
25	陈家勇	男	农业农村部渔业渔政管理局	处长
26	房文红	男	中国水产科学研究院东海水产研究所	处长／研究员
27	秦启伟	男	华南农业大学海洋学院	院长／教授
28	顾泽茂	男	华中农业大学水产学院	院长助理／教授

（续）

序号	姓名	性别	工作单位	职务／职称
29	徐立蒲	男	北京市水产技术推广站	研究员
30	黄　健	男	中国水产科学研究院黄海水产研究所	研究员
31	黄志斌	男	中国水产科学研究院珠江水产研究所	副所长／研究员
32	龚　晖	男	福建省农业科学院生物技术研究所	研究员
33	彭开松	男	安徽农业大学动物科技学院	水产系副教授
34	鲁义善	男	广东海洋大学水产学院	副院长／教授
35	曾令兵	男	中国水产科学研究院长江水产研究所	研究员
36	鄢庆枇	男	集美大学水产学院	教授
37	樊海平	男	福建省淡水水产研究所	研究员

附录8　全国水产标准化技术委员会第一届水产养殖病害防治分技术委员会委员名单

序号	姓名	性别	工作单位	职务／职称
主任委员				
1	于秀娟	女	全国水产技术推广总站 中国水产学会	副站长／研究员
副主任委员				
2	何建国	男	中山大学海洋科学学院	教授
3	战文斌	男	中国海洋大学水产学院	教授
秘书长				
4	李　清	女	全国水产技术推广总站 中国水产学会	总工程师／研究员
委员（按姓名笔画排序）				
5	王　庆	女	中国水产科学研究院珠江水产研究所	主任／研究员
6	王　凡	女	福建省水产技术推广总站	高级工程师
7	王江勇	男	惠州学院	研究员
8	王桂堂	男	中国科学院水生生物研究所、中国科学院大学	研究员
9	王高学	男	西北农林科技大学	教授
10	王高歌	女	中国海洋大学	教授
11	方　苹	女	江苏省渔业技术推广中心	工程师
12	孔　健	女	山东大学微生物技术研究院	教授
13	白昌明	男	中国水产科学研究院黄海水产研究所	副研究员
14	冯东岳	男	全国水产技术推广总站	处长／研究员
15	冯　娟	女	中国水产科学研究院南海水产研究所	研究员
16	刘　彤	男	大连市现代农业生产发展服务中心	副所长／研究员
17	刘　荭	女	深圳海关动植物检验检疫技术中心	研究员
18	刘　敏	女	东北农业大学动物科学技术学院	教授
19	李旭东	男	河南省水产技术推广站	高级水产师
20	杨　冰	女	中国水产科学研究院黄海水产研究所	研究员
21	杨质楠	女	吉林省水产技术推广总站	副站长／正高级工程师
22	杨　锐	女	宁波大学	研究员
23	吴　斌	男	福建省淡水水产研究所	副所长／高级工程师
24	沈锦玉	女	浙江省淡水水产研究所	研究员
25	张朝晖	男	江苏省渔业技术推广中心	主任／研究员
26	房文红	男	中国水产科学研究院东海水产研究所	研究员
27	胡　鲲	男	上海海洋大学	主任／教授

（续）

序号	姓名	性别	工作单位	职务／职称
28	段宏安	男	中华人民共和国连云港海关	研究员
29	莫照兰	女	中国海洋大学	教授
30	徐立蒲	男	北京市水产技术推广站	研究员
31	章晋勇	男	青岛农业大学海洋科学与工程学院	教授
32	覃映雪	女	集美大学水产学院	教授
33	曾令兵	男	中国水产科学研究院长江水产研究所	研究员
34	曾伟伟	男	佛山科学技术学院	教授
35	樊海平	男	福建省淡水水产研究所	研究员

图书在版编目（CIP）数据

2022中国水生动物卫生状况报告 ／ 农业农村部渔业渔政管理局，全国水产技术推广总站编. —北京：中国农业出版社，2022.7

ISBN 978-7-109-29741-8

Ⅰ．①2… Ⅱ．①农… ②全… Ⅲ．①水生动物－卫生管理－研究报告－中国－2022 Ⅳ．①S94

中国版本图书馆CIP数据核字(2022)第123908号

2022中国水生动物卫生状况报告

2022 ZHONGGUO SHUISHENG DONGWU WEISHENG ZHUANGKUANG BAOGAO

中国农业出版社出版

地址：北京市朝阳区麦子店街18号楼
邮编：100125
责任编辑：王金环
版式设计：王　怡　　责任校对：刘丽香
印刷：中农印务有限公司
版次：2022年7月第1版
印次：2022年7月北京第1次印刷
发行：新华书店北京发行所
开本：889mm×1194mm　1/16
印张：5.5
字数：130千字
定价：80.00元